华为网络技术系列

企业自动驾驶网络架构与技术

Enterprise Autonomous Driving Network Architecture and Technologies

主　编　韩　涛　李宝焜
副主编　陈星星　杜岳丰

人民邮电出版社
北京

图书在版编目（CIP）数据

企业自动驾驶网络架构与技术 / 韩涛，李宝焜主编
. -- 北京 : 人民邮电出版社，2023.7
（华为网络技术系列）
ISBN 978-7-115-61587-9

Ⅰ. ①企… Ⅱ. ①韩… ②李… Ⅲ. ①企业一计算机网络管理一研究 Ⅳ. ①TP393.07

中国国家版本馆CIP数据核字(2023)第089760号

内容提要

本书基于华为公司在自动驾驶网络领域的技术积累和实践，以企业数字化转型背景下网络管理遇到的桎梏为切入点，介绍自动驾驶网络的诞生背景，展示自动驾驶网络的发展历程，详细剖析自动驾驶网络的概念，并给出分级标准，重点介绍企业自动驾驶网络的整体架构和关键技术。

本书为网络技术支持工程师、网络管理员、网络运维工程师等 ICT 从业人员提供企业自动驾驶网络规划设计和部署的技术指南，亦可为网络技术爱好者及高等院校相关专业的师生提供参考。

◆ 主　　编　韩　涛　李宝焜
副 主 编　陈星星　杜岳丰
责任编辑　韦　毅
责任印制　李　东　焦志炜
◆ 人民邮电出版社出版发行　　北京市丰台区成寿寺路 11 号
邮编　100164　　电子邮件　315@ptpress.com.cn
网址　https://www.ptpress.com.cn
固安县铭成印刷有限公司印刷
◆ 开本：720×1000　1/16
印张：11　　　　2023 年 7 月第 1 版
字数：157 千字　　　　2023 年 7 月河北第 1 次印刷

定价：69.80 元

读者服务热线：(010)81055552　印装质量热线：(010)81055316
反盗版热线：(010)81055315
广告经营许可证：京东市监广登字 20170147 号

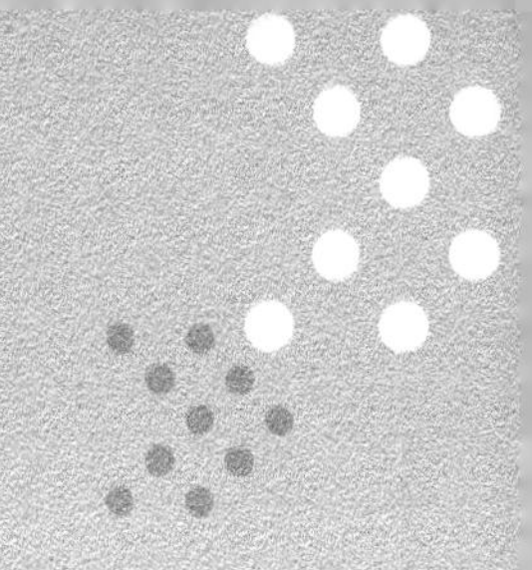

丛书编委会

本书编委会

总 序

"2020 年 12 月 31 日，华为 CloudEngine 数据中心交换机全年全球销售额突破 10 亿美元。"

我望向办公室的窗外，一切正沐浴在旭日玫瑰色的红光里。收到这样一则喜讯，倏忽之间我的记忆被拉回到 2011 年。

那一年，随着数字经济的快速发展，数据中心已经成为人工智能、大数据、云计算和互联网等领域的重要基础设施，数据中心网络不仅成为流量高地，也是技术创新的热点。在带宽、容量、架构、可扩展性、虚拟化等方面，用户对数据中心网络提出了极高的要求。而核心交换机是数据中心网络的中枢，决定了数据中心网络的规模、性能和可扩展性。我们洞察到云计算将成为未来的趋势，云数据中心核心交换机必须具备超大容量、极低时延、可平滑扩容和演进的能力，这些极致的性能指标，远远超出了当时的工程和技术极限，业界也没有先例可循。

作为企业 BG 的创始 CEO，面对市场的压力和技术的挑战，如何平衡总体技术方案的稳定和系统架构的创新，如何保持技术领先又规避不确定性带来的风险，我面临一个极其艰难的抉择：守成还是创新？如果基于成熟产品进行开发，或许可以赢得眼前的几个项目，但我们追求的目标是打造世界顶尖水平的数据中心交换机，做就一定要做到业界最佳，铸就数据中心带宽的"珠峰"。至此，我的内心如拨云见日，豁然开朗。

我们勇于创新，敢于领先，通过系统架构等一系列创新，开始打造业界最领先的旗舰产品。以终为始，秉承着打造全球领先的旗舰产品的决心，我们快速组建研发团队，汇集技术骨干力量进行攻关，数据中心交换机研发项目就此启动。

CloudEngine 12800 数据中心交换机的研发过程是极其艰难的。我们突破了芯片架构的限制和背板侧高速串行总线（SerDes）的速率瓶颈，打造了超大容量、超高密度的整机平台；通过风洞试验和仿真等，解决了高密交换机的散热难题；通过热电、热力解耦，突破了复杂的工程瓶颈。

我们首创数据中心交换机正交架构、Cable I/O、先进风道散热等技术，自研超薄碳基导热材料，系统容量、端口密度、单位功耗等多项技术指标均达到国际领先水平，"正交架构 + 前后风道"成为业界构筑大容量系统架构的主流。我们首创的"超融合以太"技术打破了国外 FC（Fiber Channel，光纤通道）存储网络、超算互联 IB（InfiniBand，无限带宽）网络的技术封锁；引领业界的 AI ECN（Explicit Congestion Notification，显式拥塞通知）技术实现了

RoCE（RDMA over Converged Ethernet，基于聚合以太网的远程直接存储器访问）网络的实时高性能；PFC（Priority-based Flow Control，基于优先级的流控制）死锁预防技术更是解决了 RoCE 大规模组网的可靠性问题。此外，华为在高速连接器、SerDes、高速 AD/DA（Analog to Digital/Digital to Analog，模数 / 数模）转换、大容量转发芯片、400GE 光电芯片等多项技术上，全面填补了技术空白，攻克了众多世界级难题。

2012 年 5 月 6 日，CloudEngine 12800 数据中心交换机在北美拉斯维加斯举办的 Interop 展览会闪亮登场。CloudEngine 12800 数据中心交换机闪耀着深海般的蓝色光芒，静谧而又神秘。单框交换容量高达 48 Tbit/s，是当时业界最高水平的 3 倍；单线卡支持 8 个 100GE 端口，是当时业界最高水平的 4 倍。业界同行被这款交换机超高的性能数据所震撼，业界工程师纷纷到华为展台前一探究竟。我第一次感受到设备的 LED 指示灯闪烁着的优雅节拍，设备运行的声音也变得如清谷幽泉般悦耳。随后在 2013 年日本东京举办的 Interop 展览会上，CloudEngine 12800 数据中心交换机获得了 DCN（Data Center Network，数据中心网络）领域唯一的金奖。

我们并未因为 CloudEngine 12800 数据中心交换机的成功而停止前进的步伐，我们的数据通信团队继续攻坚克难，不断进步，推出了新一代数据中心交换机——CloudEngine 16800。

华为数据中心交换机获奖无数，设备部署在 90 多个国家和地区，服务于 3800 多家客户，2020 年发货端口数居全球第一，在金融、能源等领域的大型企业以及科研机构中得到大规模应用，取得了巨大的社会效益和经济效益。

数据中心交换机的成功，仅仅是华为在数据通信领域众多成就的一个缩影。CloudEngine 12800 数据中心交换机发布一年多之后，2013 年 8 月 8 日，华为在北京发布了全球首个以业务和用户体验为中心的敏捷网络架构，以及全球首款 S12700 敏捷交换机。我们第一次将 SDN（Software Defined Network，软件定义网络）理念引入园区网络，提出了业务随行、全网安全协防、IP（Internet Protocol，互联网协议）质量感知以及有线和无线网络深度融合四大创新方案。基于可编程 ENP（Ethernet Network Processor，以太网络处理器）灵活的报文处理和流量控制能力，S12700 敏捷交换机可以满足企业的定制化业务诉求，助力客户构建弹性可扩展的网络。在面向多媒体及移动化、社交化的时代，传统以技术设备为中心的网络必将改变。

多年来，华为以必胜的信念全身心地投入数据通信技术的研究，业界首款 2T 路由器平台 NetEngine 40E-X8A / X16A、业界首款 T 级防火墙 USG9500、业界首款商用 Wi-Fi 6 产品 AP7060DN……随着这些产品的陆续发布，华为 IP

产品在勇于创新和追求卓越的道路上昂首前行，持续引领产业发展。

这些成绩的背后，是华为对以客户为中心的核心价值观的深刻践行，是华为在研发创新上的持续投入和厚积薄发，是数据通信产品线几代工程师孜孜不倦的追求，更是整个 IP 产业迅猛发展的时代缩影。我们清醒地意识到，5G、云计算、人工智能和工业互联网等新基建方兴未艾，这些都对 IP 网络提出了更高的要求，“尽力而为”的 IP 网络正面临着“确定性”SLA（Service Level Agreement，服务等级协定）的挑战。这是一次重大的变革，更是一次宝贵的机遇。

我们认为，IP 产业的发展需要上下游各个环节的通力合作，开放的生态是 IP 产业成长的基石。为了让更多人加入推动 IP 产业前进的历史进程中来，华为数据通信产品线推出了一系列图书，分享华为在 IP 产业长期积累的技术、知识、实践经验，以及对未来的思考。我们衷心希望这一系列图书对网络工程师、技术爱好者和企业用户掌握数据通信技术有所帮助。欢迎读者朋友们提出宝贵的意见和建议，与我们一起不断丰富、完善这些图书。

华为公司的愿景与使命是“把数字世界带入每个人、每个家庭、每个组织，构建万物互联的智能世界”。IP 网络正是“万物互联”的基础。我们将继续凝聚全人类的智慧和创新能力，以开放包容、协同创新的心态，与各大高校和科研机构紧密合作。希望能有更多的人加入 IP 产业创新发展活动，让我们种下一份希望、发出一缕光芒、释放一份能量，携手走进万物互联的智能世界。

徐文伟
华为董事、战略研究院院长
2021 年 12 月

序

从 1837 年莫尔斯发明有线电报机到今天，通信网络从连接个人、扩展家庭到连接组织，已经成为推动未来世界发展的重要力量之一。与传统产业不同，经过近两个世纪的时间，通信网络的发展依然看不到任何放缓的迹象，短短 30 余年，通信技术就实现了从 2G 到 5G 的快速升级。

随着车联网、物联网、工业互联网、远程医疗、智能家居、4K/8K、增强现实 / 虚拟现实、空间网络等新业务类型和相关需求的出现，未来的网络正呈现出一种泛在化的趋势。网络作为基础设施，不仅便利了人们的沟通、丰富了人们的生活，还在重塑企业生产、运营和社会治理等诸多方面发挥了重要的作用。可以预见，未来网络将是构建智慧社会的核心基础，将像水、电一样，成为社会生活不可或缺的一部分。

随着未来网络能力的不断提高，其应用场景会变得更加复杂，“规划、建设、维护、优化、运营”等五项服务用户体验的网络能力也需持续演进。网络亟须引“智”，化“繁”为“简”。

网络逐步增强智能化能力，可以推动网络运营决策科学化、业务个性化、维护精准化和服务高效化。在未来，网络人工智能将在网络自配置 / 自管理、网络流量自学习 / 自优化、网络威胁自识别 / 自防护和网络故障自诊断 / 自恢复等方面起到重要作用，在复杂的网络环境下实现智能化的网络管控成为可能。

自动驾驶网络将人工智能技术与网络管控深度耦合，旨在通过人机协同的智能运维和智慧运营的能力，让基于用户体验的网络规划更精准，让围绕用户体验的网络建设更敏捷、质量更高，让用户体验的问题处理更快速、更智慧，最终实现网络从自动走向自智。

要实现这一目标，需要整个行业携手推进这一理念的创新和落地。当前，国际标准及行业组织 GSMA、TMF、3GPP、ITU-T、ETSI 和 CCSA 等均已启动了相关课题研究。2019 年，GSMA 成立了 AI In Network 工作组，并发布了《智能自治网络案例报告》，详细阐述了人工智能在网络规划建设、维护、优化、节能、安全、业务发放、体验改善等七大领域的应用。2021 年，TMF 联合 CCSA、中国信息通信研究院、中国三大运营商、华为等 35 家产业伙伴，共同发布了《自智网络（Autonomous Networks）- 赋能数字化转型白皮书 3.0》，为自智网络的发展提供指导、开拓思路，以促进产业发展。

华为公司在通信领域有着 30 多年的实践经验，深刻认识到网络从自动走向自智是通信网络发展的重要趋势，将带来根本性变革。《企业自动驾驶网络架构与技术》一书总结了华为公司在企业自动驾驶网络领域的技术积累和实践。当前，数字化已被纳入“十四五”规划，成为国家建设一个重要且基本的组成部分。本书针对企业数字化转型背景下对网络管理的需求来探讨自动驾驶网络的发展趋势，详细介绍企业自动驾驶网络的架构与关键技术。

本书的作者为华为通信领域的架构师和工程师，他们有着丰富的研发与工程实践经验及深刻的技术感悟，并特别注意在写作上以网络技术为主线，而不是以产品为主线，不夹带产品广告，也不是产品说明书的翻版，力求理论与实践紧密结合。

未来十年是智能时代蓬勃发展的黄金十年，万物感知、万物互联、万物智能的智能社会需要一张智能的网络，期待更多有志之士投身到自动驾驶网络技术的创新和应用推广中，为夯实数字经济发展的基础做出贡献。

刘韵洁，中国工程院院士

前 言

过去十年，以软件定义网络（Software Defined Network，SDN）为代表的网络技术，让网络运维进入了自动化的阶段。未来十年，将是企业数字化、智能化发展的“黄金十年”。伴随着数字化的进程，企业网络的复杂性将呈指数级增加，主要原因包括：混合办公场景增多，互联分支增多，接入位置增多；员工流动性增大，体验变化更动态；办公网融合物联网，连接数激增；云化与新应用对网络性能要求更高、变更更频繁；网络设备种类多、厂家多，管理规模大；网络保障从基于连接转变为基于体验，要求更高。但是，网络运维工程师的数量不会呈线性增加甚至不会增加，网络运维复杂性与网络运维工程师资源之间会越来越不匹配。

因此，华为提出自动驾驶网络愿景，即未来的网络应该像自动驾驶汽车一样，能自己运维自己。我们期望未来的自动驾驶网络应该是：支持自动，即根据用户意图业务自动部署，最终目标是业务全自动部署；支持自愈，预测预防故障并基于事件自恢复，最终目标是实现全自动运维；支持自优，根据用户体验自适应调整优化，最终目标是实现全自动优化；支持自治，在自动、自愈、自优的基础上，网络功能自适应、自学习、自演进。华为自动驾驶网络通过网元 + 网络 + 云端注入智能，旨在利用知识和数据驱动网络架构的持续创新，打造一张自动、自愈、自优的自治网络，为企业数字化转型提供强大动力，使能行业数字化业务和运营的超自动化。

“把复杂留给华为，简单留给客户”，网络迈向完全自动驾驶注定是一个长期的过程，这就相当于攀登珠穆朗玛峰，越往上爬越困难。华为愿意和更多的政企客户、合作伙伴、研究机构和标准组织携手并进，坚定前行，共迎自动驾驶网络时代。

本书以企业数字化转型背景下网络管理遇到的桎梏为切入点，生动地向读者展示自动驾驶网络的过去、现在并畅想未来，旨在阐述自动驾驶网络如何提升用户的网络管理体验，为业界提供自动驾驶网络方面的参考。本书基于华为公司在自动驾驶网络领域的技术积累和实践，详细介绍自动驾驶网络的诞生背景、分级标准，以及企业自动驾驶网络的整体架构、关键技术等内容。

对于网络技术支持工程师、网络管理员、网络运维工程师等信息通信技术（Information and Communication Technology，ICT）领域的从业人员，我们期待这本书是掌握自动驾驶网络规划设计和部署的“好向导”；对于网络技术爱好者及在校学生，我们期待这本书是入门自动驾驶网络的“金钥匙”。

本书内容

本书共6章，介绍如下。

第1章 追寻自动驾驶网络的诞生背景

本章介绍自动驾驶网络的诞生背景。首先剖析信息技术（Information Technology，IT）基础设施在企业数字化转型过程中的重要作用，并分析其管理的核心；然后根据网络管理当前发展遇到的桎梏，提出企业需要通过自动驾驶网络来推动数字化转型。

第2章 解读自动驾驶网络的概念与标准

本章首先介绍自动驾驶网络的概念和价值，以开通应用访问关系的单一场景为例，介绍企业自动驾驶网络的分级标准及各个等级的主要特征，然后介绍业界自动驾驶网络发展情况。

第3章 总览企业自动驾驶网络的整体架构

本章首先介绍标准的企业架构，然后从业务架构、应用架构、信息架构和技术架构这4个维度全面介绍企业自动驾驶网络的整体架构。

第4章 剖析企业自动驾驶网络的关键技术

本章围绕企业自动驾驶网络“监、管、控”的技术架构，详细介绍其中涉及的关键技术。

第5章 切换成CIO视角来看企业自动驾驶网络

本章从企业信息主管（Chief Information Officer，CIO，也称首席信息官）的视角，看一看自动驾驶网络对企业整个数字化转型究竟有何作用。首先，将带领读者以CIO视角重新审视企业网络运维，谈一谈这些年企业网络运维遇到的问题，例如令人头疼的多厂商问题、引入云计算以后网络形态异构的问题、网络与应用脱节的问题等，随后介绍如何通过引入自动驾驶网络系统地解决这些问题。

第6章 探索企业自动驾驶网络的发展方向

本章基于企业网络的发展新趋势，介绍企业自动驾驶网络未来的业务发展方向。

目 录

第 1 章
追寻自动驾驶网络的诞生背景

数字世界的创新正在加速，人类已经站在万物互联世界的新起点，一场波澜壮阔的数字化变革正在各行各业发生。当前，数字化已被纳入“十四五”规划，成为国家建设的重要基本组成部分，企业对网络管理也提出了更高的要求。在这种情况下，人工智能（Artificial Intelligence，AI）使能的自动驾驶网络应运而生，它的应用将帮助企业实现网络自动化和运维智能化，保障网络的极致体验。本章将带领大家了解自动驾驶网络的诞生背景，理解自动驾驶网络在企业数字化转型中的重要性。

1.1 IT 基础设施：企业数字化转型的基石

“客从远方来，遗我双鲤鱼。呼儿烹鲤鱼，中有尺素书。”从鱼传尺素到远程视频，人类的沟通交流真正做到了“远在天边，近在眼前”。时至今日，美好生活已触手可及：逛街购物不再需要携带现金，用手机就可以完成支付；短途出行不再需要随机等待出租车，打车软件、共享单车让出行变得更方便；转账汇款不再需要去银行排队办理，用手机银行就能完成操作……实际上，这些都得益于部分企业已经走在了时代的前沿，利用数字技术解决了人们过往生活中的种种不便，提供了数字化的服务体验。

现今，“数字化转型”无疑已经成为最热门的词之一，各行各业都在主动“拥抱”数字化。数字化被纳入“十四五”规划，并且独立成篇，这进一步表明其已经成为国家建设的重要且基本的组成部分。《中华人民共和国国民经济和社会发展第十四个五年规划和2035年远景目标纲要》中提到："迎接数字时代，激活数据要素潜能，推进网络强国建设，加快建设数字经济、数字社会、数字政府，以数字化转型整体驱动生产方式、生活方式和治理方式变革。"国家从宏观层面为我们指明了方向，建立了数字化的基调，未来必将是数字驱动的社会形态。

在数字化浪潮的驱动下，企业产品的供需结构早已发生变化。在需求端，随着新生代消费力量的崛起，客户的需求趋于差异化，并且由于技术进步与服务竞争的加剧，客户对产品"体验更好、响应更快"的要求水涨船高。在供给端，同质化的企业产品供给过剩，而针对细分客户群的差异化产品相对不足。数字化预知并放大了客户的期望，因此企业必须以客户为中心，而以客户为中心就必须实施数字化变革。

那么企业数字化转型从哪里开始?

2021年12月，中央网络安全和信息化委员会印发《"十四五"国家信息化规划》，"建设泛在智联的数字基础设施体系"成为其中十大重大任务和重点工程之首。谈及数字化转型，热点通常侧重于激动人心的产品和生产的创新，而能收获转型成果的必备条件是对现有IT基础设施进行投资升级。

在业务应用日趋细分化、复杂化的今天，IT基础设施已经成为企业业务发展、日常办公的重要一环。下面举例说明IT基础设施的重要性。假设你的公司是某市场的领先者，现在处于第二位置的竞争对手上线了一种新的产品，客户体验非常好，你的公司存量客户正在流失。此时研发团队用了一周的时间开发出了对标产品，但是这时IT基础设施反馈还需要1个月才能交付。1个月的时间足以把市场第一的位置拱手相让。换个角度来说，假设你的公司是市场的跟随者，如何实现赶超?唯一的途径就是不断创新，比领先者更快速地推出新产品、新服务，不断优化客户体验。

可见，IT基础设施正是影响业务战略的关键因素，需要优先考虑进行数字化的能力提升。IT基础设施数字化即企业构建数字化就绪的IT基础设施环境，为企业数字化转型提供坚实有力的底层技术支撑。换言之，IT基础设施是企业数字化转型的基石。

1.2　网络管理是 IT 基础设施管理的核心

IT基础设施总体可分为计算、存储、网络、安全四大领域，每个领域内细分不同的子领域，每个子领域又包括很多厂商、不同型号的产品，所有产品的规格和管理方式均不相同，这给IT基础设施的管理带来了巨大的挑战。随着企业数字化转型的不断深入，信息系统愈加复杂，IT基础设施管理亟须从依靠技术人员的个人能力的管理向流程化、标准化、自动化的管理方向转变。

目前应用非常广泛的IT基础设施管理实践准则是信息技术基础架构库（Information Technology Infrastructure Library，ITIL）。ITIL是由英国政府部门在20世纪80年代末开发的一套IT服务管理标准库，它把英国各个行业在IT管理方面的最佳实践归纳起来变成规范，旨在提高IT资源的利用率和服务质量。ITIL自发布以来，在全球IT服务管理领域得到了广泛的认同和支持，成为IT基础设施管理界通用的事实标准。同时，各大IT管理服务商也提供了相应的解决方案，并推出了基于ITIL理念的IT服务管理软件和实施方案。

过去30多年里，在大多数IT组织面临IT基础设施规模快速扩张、IT应用数量不断增多、IT运行压力越来越大的挑战时，首先要确保IT系统生存，也就是能够持续运行、稳定运转，通过日常维护工作让系统少出故障，出了故障能快速修复维持系统的正常运转。IT基础设施管理的关键词是“稳定”“可靠”“安全”，关注可用性指标、可靠性指标和安全合规。相应地，在文化、技术、流程和工具上，都将稳定、可靠、安全作为最优先考虑的要素。

- 文化上，以专业分工科学、合理为重点考量，尽量保证人员技能复用，术业有专攻，为企业内部各个领域培养专业人才。

- 技术上，倾向选择稳定、成熟的技术框架和产品，愿意为提升可靠性支付大量溢价，能备份的就备份，尽量采用全冗余的网络架构。
- 流程上，首先关注事件管理和变更管理，目标是保证故障事件可以追踪和快速解决，以及通过流程管理变更，避免人为事故，关注重点还是在提升可用性上。
- 工具上，采用“监、管、控”架构，其中“监”是指看的能力，通过各种采集信息的手段发现问题节点；“管”是指管理的能力，利用变更、事件等流程实现标准化和规范化；“控”是指自动化的能力，主要目标是实现配置的自动下发。

近年来，IT领域技术飞跃发展，尤其是云计算、容器、移动互联、大数据、AI等新兴领域带来的技术创新，从方法论到技术层面，为IT基础设施管理带来了全新挑战和机遇，推动ITIL不断演进。当前，企业IT基础设施管理正从横向的拉通一体化转变为纵向的业务纵深精细化，目标是以业务为中心，审视基础设施对业务的承载能力，集成多种基础设施管理系统，形成一体化的“监、管、控”平台，填补流程平台、自动化平台和监控平台之间的缝隙，实现数据共享、能力复用，为上层业务和应用提供更高级的运营支撑能力。

在这种转变下，企业不可避免地会对作为IT基础设施四大领域之一的网络产生更高的需求：网络如何支撑用户更快、更好地访问某个提供数字化服务的应用？网络如何支撑分布式架构下的应用之间更快、更好地通信，让昂贵的处理器和存储介质不再空等？

通俗来讲，如果把计算机的世界比喻成一个人，那么网络就像人的循环系统，企业应用就像器官，客户端就像末梢神经，数据在网络中移动，就像血液在血管中移动一样。有的器官有问题可以更换，但循环系统是无法更换的。

根据《2021年IDC企业自动驾驶网络调研，N=203》调研结果（如图1-1

所示），在选择数字化基础设施建设作为数字化转型最重要的领域的受访者中，有47%的受访者认为智能网络连接是企业数字化基础设施建设最重要的方面，有28%的受访者认为网络和系统安全是最重要的方面。

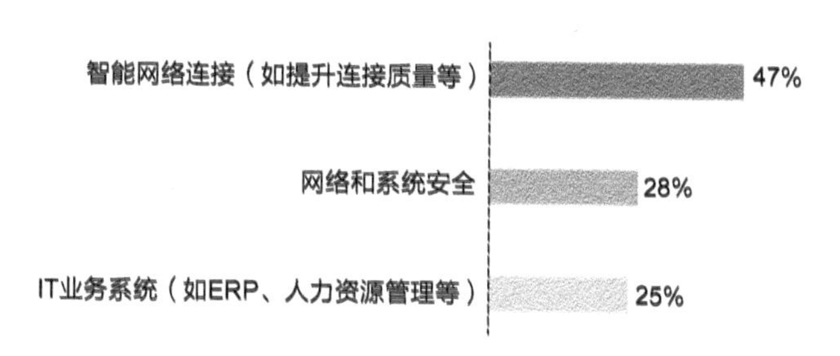

注：ERP即Enterprise Resource Planning，企业资源计划。

图 1-1　企业数字化基础设施建设重要方面调研结果

网络是所有IT基础设施领域中最为复杂的一个，因为其包括的协议众多、类型众多、厂商众多，这些都可能会造成企业在网络管理上遇到各种不可逾越的鸿沟，所以我们说网络管理是IT基础设施管理的核心，是保障企业数字化转型的关键。

网络管理是指用于管理、操作和维护网络基础设施的流程、工具以及应用程序，其中还包括性能管理和问题分析等细分领域。简单地说，网络管理是保持网络健康的过程，它保证企业业务健康稳定、持续运行，主要有以下几个目标。

1. 避免网络中断

对企业来说，业务的连续运转就是企业发展的基本保障。网络中断将会给业务带来巨大的损失，公共数据研究显示，对于大中型企业，网络中断的成本可能高达每分钟4万元人民币，也可能超过每小时200万元人民币。网络中断不仅会造成财务损失，它还会对客户关系产生负面影响；缓慢及无响应的网络会使业务无法满足客户的需求，员工也更难有效地解决客户的困扰，而那些觉得不满意的客户可能会很快离开，转向竞争对手。网络管理的首要任务是保障网络的稳定运行。

2. 网络即时开通

无论是新建网络还是扩容网络，企业级的网络规划设计都是一个难度大、专业性强、对人员技能要求高的任务，从需求澄清到规划选型，再到开局部署，通常需要7～10天甚至更长的时间。而且，设计的不足往往会导致后期网络建设以及部署后的问题频发，返工代价极其高昂。网络管理的目标之一就是提供基于意图的网络即时开通能力，比如开一家300平方米的超市，只要输入面积、终端数，勾选开通收银、访客、办公等业务类型即可，系统自动完成意图的理解转换，自动推荐最优方案。

3. 全面了解网络性能

网络管理需要全面了解网络性能，一方面，网络管理中的一个重要部分是网络运维，运维的日常工作包括监控、容量调优、故障处理、灾备演练、数据处理等，解决故障、保证业务的连续性永远是第一位的。网络管理需要通过可视和智能分析完整地了解网络的运行情况，识别已经发生的和即将发生的问题，并快速处理它们。在快速恢复服务后，还应对故障进行全面分析，找出根因，避免类似情况再次发生。

另一方面，过往的企业运营和决策基本上靠经验和推断，没有数据支撑，这样的结果往往是不可预测的。而在数字化的今天，企业如果想持续赢得客户的信任，建立良好的客户关系，满足客户不断增长的体验要求，就必须依靠数字技术来支撑上层的业务。网络管理可以通过多样化的数据采集、多维度的数据挖掘与分析以及全方位的可视化能力，为企业提供全面的网络运行数据，辅助企业进行业务决策。

1.3 网络管理发展遇到的桎梏

企业的持续发展与网络管理紧密相关，稍有不慎就可能会蒙受巨大损失，特别是对于一些大中型企业，IT设备和系统多而复杂，需要计算、网络、存储、安全等管理系统的协同，一体化地为业务提供基础支撑。然而，企业维护和管理有效的网络正面临着严峻的挑战。

近些年，计算和数据中心基础设施在很大程度上率先采用了更快速且更灵活的自动化方法，以私有云、公共云和混合云为策略的部署模式已经成为数字化转型的前提条件之一。数字化转型不可避免地会对网络产生新的需求，涉及可扩展性、敏捷性、安全性和洞察力等诸多方面，以适应云、移动、物联网和新型数字化业务模式。但是如今大多数网络都旨在提供快速、可靠的连接，而不是满足这些新需求，以至于网络成为许多组织数字化转型过程中的薄弱环节和制约因素。

网络亟须优化调整，以便与组织的业务目标保持一致，在满足业务需求的同时，能够快速响应业务策略。事实上，网络决不应该是 IT 基础设施的薄弱环节，而是有机会成为推动数字化转型的要素中最有价值的一环。如果没有网络将利益相关者与下一代通信技术和数据联系在一起，就会失去相关优势。许多 IT 领导者都已经认识到了网络转型所带来的机遇。在最近的一项调查中，国际数据公司（International Data Corporation，IDC）发现全球45%的组织计划在两年内迅速采用自动化程度更高并且能够“自驱动”的网络，从而更好地满足数字化业务的需要。

然而，目前大多数网络运维还处于初级阶段，网络管理分散，资产管理、配置管理、作业管理、工单管理等系统互相独立，需要分别维护，效率低。网络结构、配置、拓扑、链路状态的不可见，使网络运维人员只能依赖经验和记忆，这为网络变更和排障留下了大量隐患。网络运维人员每天就像救火一样，疲于奔命，“网络怎么又断了”“网速慢得跟乌龟爬一样”“应用交易怎么超时了”等类似的埋怨声在网络运维人员耳边回荡。传统的网络运维每天都是针对不同的厂商设备执行不同的命令，网络运维人员只能埋头查找系统运行的日志，检查告警、配置、变更记录，耗时耗力不说，有时候忙了半天还一无所获。以上这些场景给网络运维人员带来了巨大的工作压力。与此同时，随着企业业务的增多，业务系统变得复杂，网络设备涉及的种类越来越多，对网络运维人员的需求也翻了数倍，这给企业带来了巨大的成本压力。我们可以看到，目前企业在网络管理方面存在着以下几个共性问题。

1. 治标不治本

网络运维设施故障往往是突发、随机、不可预测、不可控制的，也很难自动提醒和告警。网络运维和管理人员成天处于高度紧张状况，节假日也提心吊胆。一旦发生故障，他们往往手忙脚乱，来不及仔细多方面观察、分析原因，也无法很快准确定位。为了尽快恢复业务，只能采取运维“三板斧”——隔离、切换、重启等不可回溯操作。这种治标不治本的维护措施，不能从根本上解决问题，类似现象仍然可能再次发生。

2. 没有排错记录

很多网络运维和管理人员没有记录的习惯，这样事后查找原因缺乏排错记录，就算找到一些痕迹，也难以进一步分析数据，因为故障很可能不会再现，所以很难捕捉有效信息。要在生产环境模拟故障业务几乎是不允许的，而开发环境又很难模拟和再现。从少量、片面的系统日志很难看出问题症结，缺乏自动实时捕捉问题关键点并忠实记录的工具，造成问题发生后无法回溯，难以找到头绪来解决问题。

3. 缺乏统一的规范要求

出现问题时解决办法因人而异，缺乏方法和工具，无法制定统一的规范要求，对专家解决问题的经验缺乏记录、整理、积累和继承。从保障稳定方面看，必须高成本保持足够数量的专业运维人员，工作安排松了，不利于人员的发展和稳定，但安排太紧，又无法保证及时响应和解决问题。

4. 应对危机太被动

对反映的问题和解决状况缺乏统一管理和跟踪，全靠个人素质和责任感，无法衡量、统计员工的业绩贡献，也无法发现哪些问题对系统稳定性影响最大，对于造成问题的因素是在积累还是在减少，更是缺少预警提醒机制，只能被动无序地等待问题发生，甚至问题很严重了才意识到。

5. 人工作业

手动网络配置效率低下，通常以周为单位进行交付，无法应对当今瞬息万变的市场环境。另外，人工作业可能也会导致不一致、配置错误和网络不稳定的问题，问题发生后，还需要依靠人工敲命令的方式进行故障排查，导致平均修复时间（Mean Time To Repair，MTTR）过长，所以依靠人工作业难以提供数字业务运营所需的高水平服务。

回到企业网络本身，解决网络管理发展滞后带来的种种问题更为迫切。按应用特性，企业网络可以划分为三大类，分别是园区网络、数据中心网络和广域网。园区网络主要负责连接各类终端设备，包括传统IT终端和各类物联网终端，这些终端设备通过园区网络进行连接，实现互通，并能访问互联网和公司应用。数据中心网络主要以应用承载为主，为企业和企业客户交付各类业务，网络主要负责连接服务器和存储等设备，保证数据中心内数据高速交换和园区与数据中心间的互访。广域网用于连接园区和园区、园区和数据中心、数据中心和数据中心的网络，侧重于园区网络和数据中心网络外部的连接与互通。

三大类企业网络面临的挑战主要来自以下几个方面。

1. 园区网络面临的挑战

现在全球企业园区数字化正进入快车道，端到端业务的体验保障和运营管理是园区数字化面临的挑战。而网络是这一挑战的基础：高性能网络是保障体验的基础；网络智能管理是提升运营效率的基础。根据IDC的一项调查，在制造、金融、零售、交通、教育、医疗、能源、政务八大行业里，700家受访企业中，有76%的企业有园区网络改造的诉求，但同时又受限于网络技术复杂、人员技能不足以及资金短缺，这使得园区网络的智能化改造无法启动，进而造成企业数字化进程严重滞后。传统园区网络已无法应对数字化带来的新挑战。

当前园区正向万物感知、万物互联、万物智能的智慧化园区方向发展。为了保证企业业务的连续性，网络要保证随时随地就绪，而低效率的网络部署与新业务开通，使得园区网络响应滞后，无法满足数字化转型的敏捷、高效诉求。同时，日趋复杂的网络结构与简单原始的管理手段，使得园区网络的运维难度日益增加，运营成本（Operating Expense，OPEX）占比居高不下，数字化转型需要网络管理简单、运维方便，从而适应业务多样化。

根据分析师的预测，到2025年，全球72%的企业会部署Wi-Fi、开展移动办公。传统的园区网络个人计算机（Personal Computer，PC）、终端通过有线接入，位置固定、策略固定，网络流量和路径也更容易规划和保障。而实现无线化之后，员工流动性增大，接入位置增加，体验变化更动态。如何保证通过Wi-Fi接入网络的体验和原来通过固定网络接入的体验一致是关键问题。

根据Gartner的预测，2025年，全球80%的应用都会上云部署。应用上云以后，从终端到应用的路径变长，对网络的性能要求更高；同时，千行百业的场景会放大对网络的差异化要求。比如，金融、政务行业关注高可靠、高安全，游戏企业关注低时延等。应用上云后如何获得和原来本地部署一样的业务体验，是关键的挑战。

随着诸如摄像头、闸机、门禁等越来越多的物联网设备接入，办公网与物联网相互融合，连接数激增，对海量物联网终端的接入管控变得愈发复杂。以安徽某高校为例，随着智慧教学和校园服务的发展，学校引入智慧教学、智慧服务、智慧环境等多种应用，除摄像头、人脸闸机等终端外，还增加了智能门禁、教学录播、环境控制等各类终端30多种、10余万台；终端覆盖广且分散部署，在终端管理上存在资产更新不及时、私搭乱接严重、安全漏洞频现等诸多隐患，靠传统的管控方式已经无法应对。

2. 数据中心网络面临的挑战

在企业信息化进程快速推进的同时，企业数据中心OPEX随着网络规模的扩大而逐年增加，网络运营在规划、建设、维护和优化各阶段仍严重依赖于人员经验和技能，结构化矛盾日益凸显。通过与 TOP 30 金融客户的深入探讨，我们发现数据中心平均每千台设备的运营维护需要约 30 名工程师。另外，数据中心也存在业务体验难以管理的巨大挑战，网络部门收到的用户投诉一半以上与业务体验问题有关。通过对数据中心网络全生命周期进行研究和分析，识别出不同阶段面临的如下重大问题。

规划阶段：企业数据中心网络在未来 3 年仍处于高速建设期，服务器规模将翻倍增加。网络设计人员需要完成将业务需求转化为网络设计、评估应用安全要求、规划网络资源使用等烦琐工作，这消耗了企业中约一半的网络人力，急需通过系统化、自动化手段改变人员疲于奔命的状态。

建设阶段：一方面，随着云化业务量大幅上升，业务上线周期由原来的周级提升至天级，压力日趋增大；另一方面，企业关键核心业务对可靠性要求极高。据Gartner 统计，近40%的网络事故由人为失误导致，如何保障配置发放的正确性至关重要。以某银行网络为例，2019年累计变更配置14 500余次，变更工作量巨大，已超出人工处理极限，应接不暇的变更评审使变更成功率不断下降，造成 5 起网络中断事故。

维护阶段：当前企业数据中心网络大多采用 4 个 9（99.99%）高可用标准，即数据中心网络全年中断时间应少于26 min；部分核心业务应达到5个9（99.999%）标准，即全年中断时间应小于5 min。为此，金融行业、运营商及一些大企业均提出5 min故障快速修复的目标。然而，当前企业网络维护智能化改造进程明显慢于业务自动化进程。云化业务弹性发放及虚拟机（Virtual Machine，VM）迁移带来网络访问与流量的动态变化，给网络运维增大了难度。传统网络运维依靠告警、事件和日志等信息，无论是状态信息丰富度，还是监测周期（10 min），都无法满足云数据中心网络的运维要求。

优化阶段：一方面，云数据中心网络业务变化加快，网络、安全资源使用易存在局部热点，如不及时调度，将可能导致业务上线失败；另一方面，AI 训练、大数据、高性能计算（High Performance Computing，HPC）和分布式存储等新兴业务规模上线，应用之间点到多点分发式通信模式增多，导致网络微突发情况加剧和亚健康状态频发，严重影响业务运行效率。当前网络状态评估、业务预测、补丁升级等工作仍严重依赖人工经验，存在滞后性，无法及时排除潜在风险，造成业务体验差。

3. 广域网面临的挑战

企业连接专线仍然是主流的架构选择，因其性能指标水平较高，可以使核心业务得到保证，而民用通信服务通常无法保障企业级各类数据传输的稳定性。随着企业业务愈发依赖多平台与混合链接方案，专线由于其高度依赖人工配置且部署周期长，已难以跟上当今的企业运营节奏。

从架构的敏捷程度来看，专线的解决方案缺少灵活或可扩展的连接能力，无法及时满足带宽变化的需求。

从管理的角度分析，当前架构也存在诸多挑战，例如，运营商不同连接点的并存不利于统一管理与可视化分析，导致对根源问题的排查困难，故障难以得到及时处理，难以实现跨国链路的优化。

此外，基于下一跳的路由算法链路调度能力不足，使得关键业务无法得到保障，类似远程通信、远程办公等使用场景时常发生通信质量不稳定、连接不顺畅等问题，用户体验较差。

另外，当前架构在线路利用率上也表现欠佳，负载均衡不成熟而导致成本开支略大。与云的连接使得对网络品质的要求发生了质的飞跃，快捷上云与跨云连接的整体解决方案也需要加速发展。

总而言之，随着企业业务的数字化普及，传统网络面临着前所未有的挑战，网络的自动化需求在不断增多，企业需要搭建更先进的网络架构来满足业务的需求。如何从零开始逐步向网络自动化运维过渡？如何提高网络运维的效率？如何提升网络操作准确性以及网络业务可用性？自动化和智能化的网络能够有效应对以上挑战，它已经成为未来网络的演进方向。

网络管理的发展需要借助多方能力和技术（包括自动化、人工智能、大数据分析、知识图谱等），从而才能实现数字化网络，做到主动维护和故障“自愈”。面对这种情况，自智网络应运而生，2019年，TMF（TeleManagement Forum，电信管理论坛）成立了“自智网络项目”（Autonomous Networks Program），其目的是构建业界领先、端到端网络自动化、智能化的方法，帮助运营商简化业务部署，推动网络Self-X（自服务、自发放、自保障）能力全面提升，为垂直行业和消费者用户提供Zero-X（零等待、零接触、零故障）体验，真正意义上实现《自智网络白皮书3.0（中文版）》中所提及的“将复杂留给供应商，将极简带给客户”。

华为针对自智网络产业，凭借多年来在ICT领域不断深耕的一线经验，结合众多领域，贯穿融合多方技术，提出了自动驾驶网络（Autonomous Driving Network，ADN）解决方案，旨在加速网络自治，助力企业成功实现数字化转型。

第2章
解读自动驾驶网络的概念与标准

自动驾驶网络是类比于自动驾驶汽车的一种新的网络架构设计理念，它改变了传统的面向硬件设备的网络架构设计，重构为面向业务和应用的网络理念，基于整网而非单点或单台设备来实施网络各个环节的流程。IDC调研发现，企业对于网络自动化与智能化水平缺乏统一的认知，因此需要一个指数标准来定位企业的网络转型阶段。类比自动驾驶L0～L5的6个等级，本章从执行、感知、分析、决策与意图管理等层面，根据人与系统的参与程度，给出了自动驾驶网络的分级标准。本章详细介绍自动驾驶网络的概念、分级标准，以及业界发展情况等。

2.1 什么是自动驾驶网络以及自动驾驶网络的价值

1. 什么是自动驾驶网络

在回答什么是自动驾驶网络之前，我们先来看看业界关于自动化系统的一些权威观点。2000年，R.帕拉休拉曼（R.Parasuraman）和T.B.谢里登（T.B.Sheridan）在发表的IEEE论文“A model for types and levels of human interaction with automation”中，介绍了一个自动化系统及其级别的模型，该模型为决定哪些系统功能应该自动化以及在多大程度上自动化提供了框架。后来这篇论文成为业界主流领域（如汽车自动驾驶、城市轨道交通、飞机、无人机等）自动化等级定义和设计的理论基础。

该论文主要有两个核心观点。

观点一：有以下四大类功能可以实现自动化。

- 信息获取，即感知。
- 信息分析。
- 决策，即行动选择。
- 行动执行。

观点二：针对每一类功能，它们的自动化等级都可以分为从低（最低级的全手动）到高（最高级的全自动）不同的等级。评定一个特定系统的自动化等级，需要综合以上这四大类功能的自动化等级，图2-1给出了一个系统实现自动化和评定系统自动化等级的过程。

汽车驾驶自动化的过程就是基于该理论的一个实际应用的例子。从原始的钥匙启动到电动启动，从手动挡发展至自动挡，从人为速度控制到自动巡航，从手动转向到动力转向再到主动引导转向技术，从普通制动到防抱装置，从手动停车入位到自动泊车技术，等等，汽车自动驾驶发展的历史较形象地阐释了从手动到自动的转变过程，即汽车系统逐渐脱离人为控制到实现自动化的演进过程。

自动驾驶网络是类比于自动驾驶汽车的一种新的网络架构设计理念，它改变了传统面向硬件设备的网络架构设计，重构为面向业务和应用的网络理念，基于整网而非单点或单台设备来进行网络各个环节和流程的实施。

图2-2可以说明从传统网络到自动驾驶网络的跃迁。显然，自动驾驶网络旨在通过自动化与智能化手段逐步减少和消除人工操作，逐步向自服务、自维护、自优化的无人值守网络演进，从而帮助企业用户打造一条切实可落地的网络数字化转型路线。

- 流程标准化：网络运营管理流程固化，通过手工方式完成网络管理活动。业务流程标准化的过程可能涉及组织调整以及业务流程优化。
- 流程自动化：在流程固化的基础上，使用工具、脚本来做重复性劳动，降低人的工作强度。

- 数据在线化：通过数字孪生技术提供数据在线能力，同时需将自动化的网络能力包装成服务，集成在系统内，供外部系统使用。
- 数据运营化：系统对数据进行简单统计分析，转变为有用信息，提供如报表之类的数据分析结果，以支撑下一步的网络运营管理工作。
- 数据智能化：系统对数据进行智能化分析，形成知识体系，推荐优选方案。
- 数据自驱化：系统基于积累的知识自主决策，完成自闭环处理，无须人员干预。

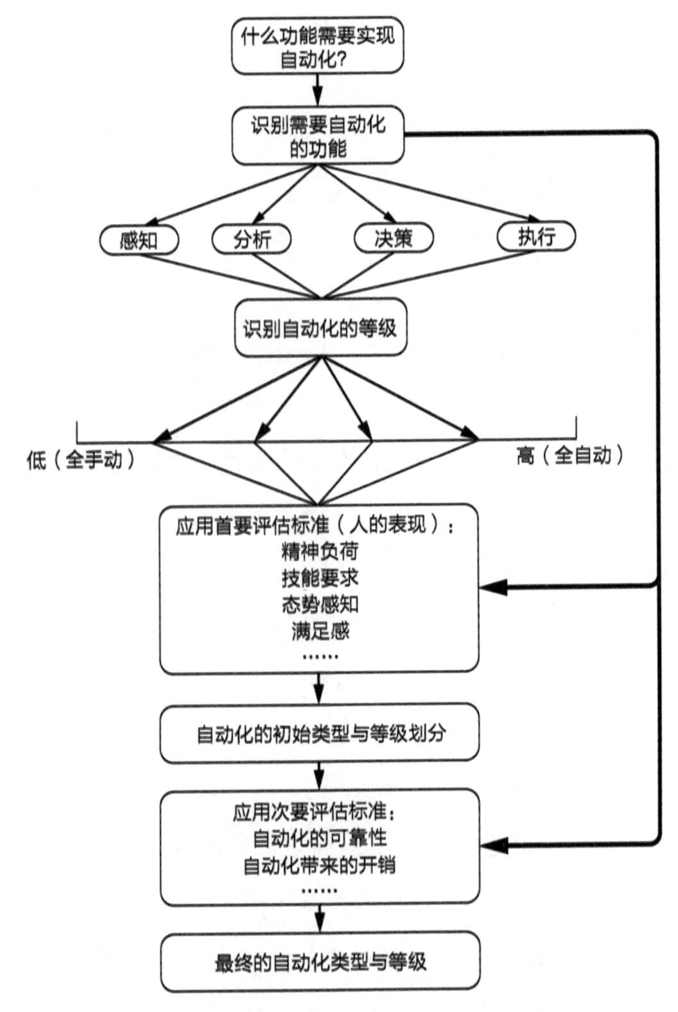

图 2-1　系统实现自动化和评定系统自动化等级的过程

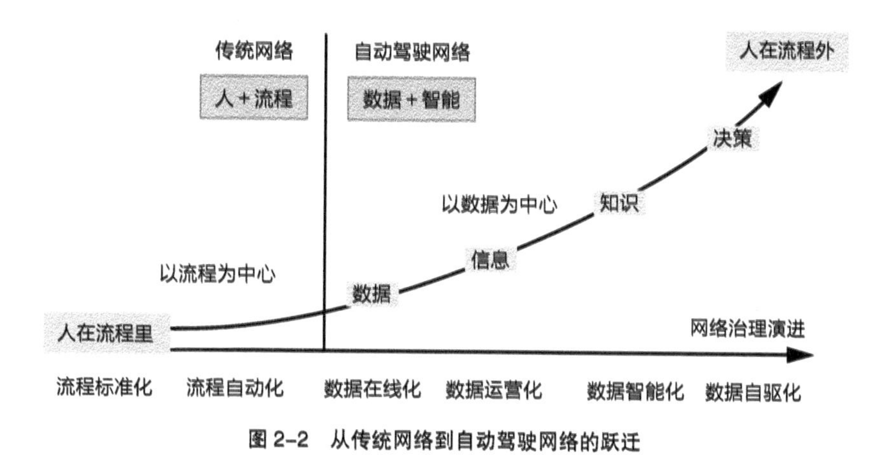

图 2-2　从传统网络到自动驾驶网络的跃迁

2. 自动驾驶网络的价值

经过以上分析可以发现，实现网络的自动驾驶，有助于企业加速数字化转型的进程，这也是在当今的环境下，对每一个企业来说最大的价值。那么自动驾驶网络是如何帮助企业实现数字化转型的呢？

首先，它可以指导企业在数字化转型时明白要做什么、什么时候做。自动驾驶网络包含一套科学的方法论，通过分级标准定义演进路线，企业可以根据这套标准明确自身所处的位置，再分阶段制定子目标，一步一步走向无人值守的最终网络形态。

其次，它可以指导企业实现各阶段目标。因为自动驾驶网络包含一套解决方案和最优技术架构，通过合理地组合各个组件，可以在不同时期解决不同阶段所面临的核心矛盾。

最后，它可以帮助企业实现数字化转型，提高企业的生产力，优化生产关系。

通常认为，生产力有三要素：劳动力、劳动资料、劳动对象。在网络管理领域，这三者分别对应如下。

- 劳动力：网络工程师的工作经验和能力。
- 劳动资料：各种自动化系统和工具的集合。

- 劳动对象：网络资源，包括硬件设备、机框、板卡、光模块、软网元、互联网协议（Internet Protocol，IP）地址、虚拟专用网（Virtual Private Network，VPN）隧道等。

而数字时代，在当今企业的生产和运营管理范畴内，生产关系包括网络运维人员与系统运维人员、应用开发人员以及企业内外部客户之间的关系。

自动驾驶网络阶段，企业的网络运维人员可以通过数字技术，如AI、数字孪生等，借助自动化系统和工具，自动进行预测、分析等工作，使得自己有更多的时间往更具挑战性和创新的方向发展，比如支撑企业业务创新，专注于降低成本、提高效率的工作等，这样可以极大地提高工作效率。工作效率提高后，企业网络运维人员可以更好地解决与应用开发人员之间的矛盾，更快地满足内外部客户的需求。

总之，网络守住服务等级协定（Service Level Agreement，SLA）的底线，保证质量和效率，才能有实力赋能其他团队，达到整体效率最优化，促进组织架构的变迁，从而使企业真正完成数字化的转型升级，达到持续创新、增加收入、降本增效的最终目标。

2.2 自动驾驶网络分级标准

1. 为什么要建立统一的分级标准

在明确了自动驾驶网络的目标后，即确定了要去哪里，下一步就要搞清楚在哪里以及如何去的问题，需要一套科学合理的方法论来回答以上问题。面对复杂且难以解答的问题时，通常我们的做法是先将目标进行分解，通过不同阶段实现子目标，逐步达成最终目标。例如攀登珠穆朗玛峰，如图2-3所示，需要在山脚处扎营，然后分别在不同高度处设立营地，补充供给后，才能最终到达海拔8848.86米的峰顶。

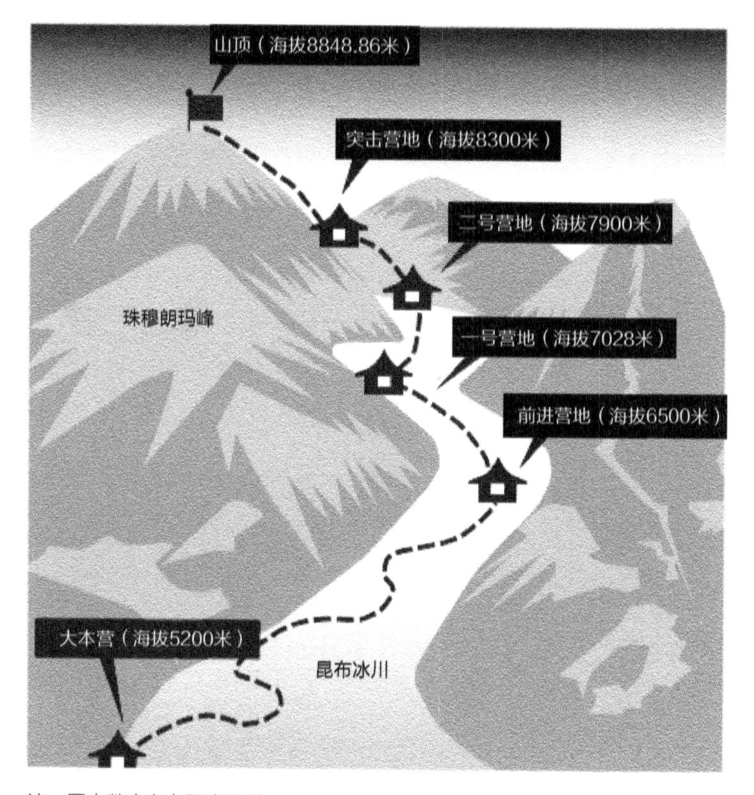

注：图中数字参考百度百科。

图 2-3 攀登珠穆朗玛峰示意

为了达成自动驾驶网络的终极目标，同样也要设立不同阶段的子目标，形成分级标准体系，这样才有利于我们实现终极目标。制定统一的分级标准体系的好处如下。

- 统一目标：在全行业范围内，对各领域网络自动驾驶水平形成统一认识、统一标准、统一目标。
- 现状评估：基于分级标准，客观测评各厂商、各网络或各业务的自动驾驶网络当前的水平，推动竞争力的提升。
- 路径识别：基于分级能力定义，识别自动化短板以及运维系统改进和提升路径，推动网络向自动驾驶演进。
- 组织演进：通过等级评估活动，驱动组织/流程优化，不断提升人员技能，促使操作者成长为应用策略专家。

2. 分级标准介绍

如图2-4所示，网络运维管理人员在网络管理全生命周期的各个阶段，基本都是围绕着“意图管理”“感知”“分析”“决策”“执行”这5个关键活动来开展工作的，下面具体说明。

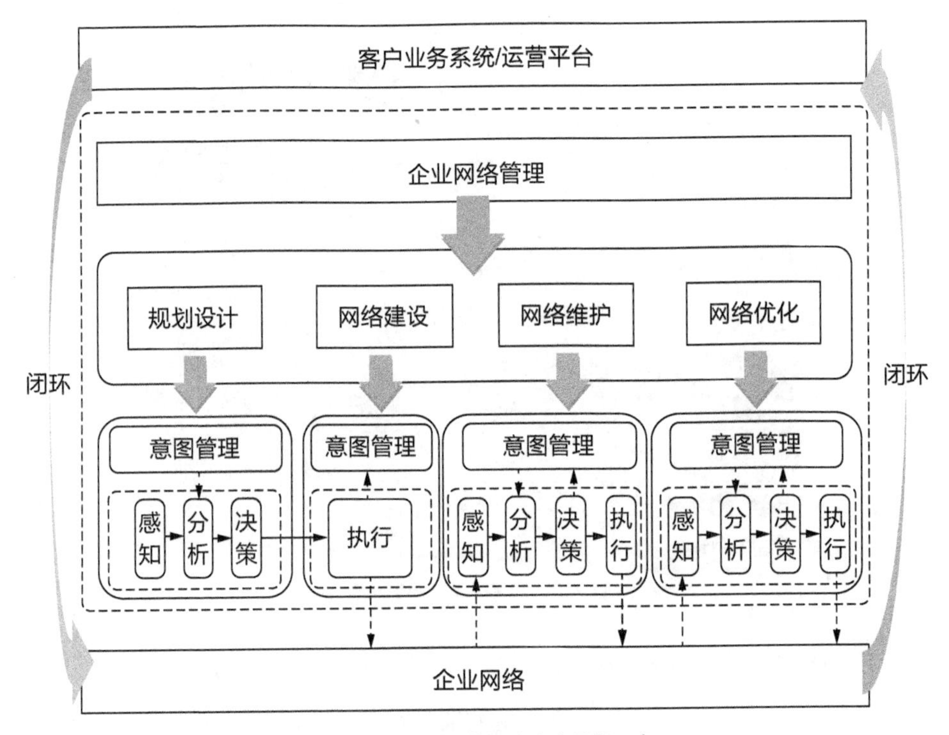

图 2-4　企业网络管理全生命周期示意

- 意图管理：意图包括人对网络的诉求，比如业务运营人员对业务的诉求、网络管理员对网络的诉求，以及系统对意图的接收和翻译等活动。意图管理将网络管理人员对网络的各项意图转化为具体的管理操作和策略，同时对意图达成状态进行评估并反馈结果。
- 感知：基于业务意图或者网络意图对网络的要求，监测网络运行状态，收集、处理（如清洗、增强、统计等）网络数据，并输出后续分析活动所需的数据，以达到监测、感知网络信息（包括网络性能、网络异常、网络事件等）的目的。

- 分析：在感知阶段输出数据的基础上，通过运用模型推理和分析等技术对获取到的网络信息进行分析，输出可能满足网络需求的备选方案。
- 决策：在分析阶段输出备选方案的基础上，通过仿真验证等评估活动，确定并输出满足业务/网络需求且可执行的优选方案，例如网络配置或调整。
- 执行：在决策阶段输出优选方案的基础上，正确执行优选方案，并将反馈结果等信息传回给意图方。

基于企业网络管理全生命周期各个阶段中的关键活动定义，根据各关键活动中人与系统参与程度的高低，企业自动驾驶网络分级标准如表2-1所示，具体说明如下。

表 2-1　企业自动驾驶网络分级标准

关键活动	L0：手工运维	L1：辅助运维	L2：部分自动驾驶网络	L3：有条件自动驾驶网络	L4：高度自动驾驶网络	L5：完全自动驾驶网络
意图管理	人工	人工	人工	人工	人工 / 系统	系统
感知	人工	人工 / 系统	系统	系统	系统	系统
分析	人工	人工	人工 / 系统	人工 / 系统	系统	系统
决策	人工	人工	人工	人工 / 系统	系统	系统
执行	人工	人工 / 系统	系统	系统	系统	系统
适用性	不涉及	限定场景				全场景

- 人工：表示以人为主。与该类活动相关的所有任务中，所有工作或绝大部分工作都需要由人主导操作完成，系统处于辅助或次要地位，被动接收人的操作指令。
- 人工/系统：该类活动相关的所有任务中，大部分工作可由系统自动完成，人处于辅助或次要地位，如辅助定义规则、输入初始关键信息、对自动化结果进行确认、调整等。
- 系统：该类活动相关的所有任务中，绝大多数工作由系统自动完成，人仅负责少量且重要的工作，如构建/编排规则或模型、紧急情况干预、场景溢出时接管等。

接下来，我们一起探索企业自动驾驶网络内各个等级的分级标准及主要特征。自动驾驶网络的目标是实现网络全场景的自动驾驶，但为了让大家能更容易地理解，下面的内容会以开通应用访问关系的单一场景为例来介绍。

2.2.1 L0：手工运维

L0是网络最初始的阶段，所有任务都需要人工执行，这个阶段通常操作效率低下、出错率高。

随着20世纪50年代计算机的发明，人类社会进入了信息化时代。企业纷纷利用信息技术解决内部的管理和生产效率低下的问题，彼时出现的代表性信息系统有ERP系统、产品生命周期管理（Product Lifecycle Management，PLM）系统、管理执行系统（Management Execution System，MES）、办公自动化（Office Automation，OA）系统等。企业基于这些信息系统对内部业务管理和生产流程进行梳理、优化，让业务流程在系统中运行，建立统一的标准，从而提升企业的运营效率。

此时的情况如下。

- 企业的IT硬件设备和软件系统都不复杂，业务规模和流量较为有限。
- IT运维领域尚未形成一定的操作标准和流程机制，IT基础设施的运维往往依赖于企业内部IT人员的技术和经验。
- IT运维工程师采用纯人工的方式对IT基础设施进行部署、变更管理和故障排除。

L0手工运维下，业务开通的效率非常低下，往往需要1～2个月的时间。而且因为运维操作都是人工操作，所以人为失误导致的主观故障频发。另外，由于缺乏标准的流程约束，IT变更、事件管理缺乏有效控制，遇到问题时，很难进行变更回溯和根因分析。

下面我们以企业网络中常见的开通访问关系的场景为例，如图2-5所示，分析该场景的全生命周期。

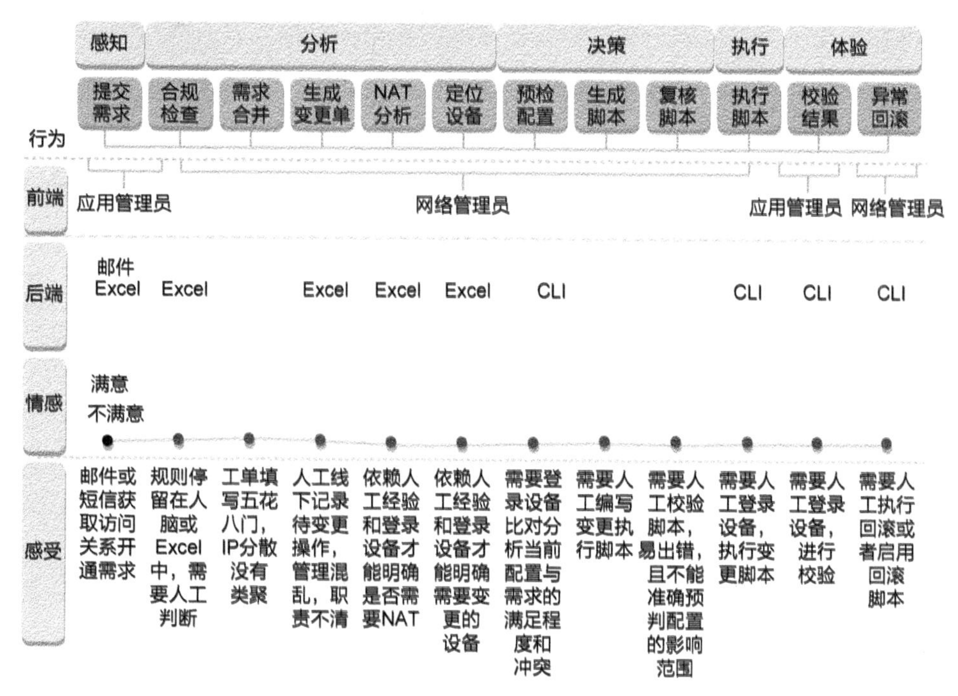

注：CLI即Command Line Interface，命令行界面；NAT即Network Address Translation，网络地址转换。

图 2-5　L0 手工运维下开通应用访问关系的用户旅程

整个业务流程包含感知、分析、决策、执行和体验这5个阶段，每个阶段对应不同的具体步骤，总共有12个子步骤。在图2-5中可以看到，纯手工运维阶段，所有操作均需要IT运维工程师亲力亲为，依赖人工操作，虽然需求量不大，但需要大量的重复人工作业。由此可以推断，手工运维阶段必然随着IT基础设施规模的继续扩大以及对IT服务要求的提高而结束。

2.2.2　L1：辅助运维

L1阶段具备一些系统，可以在执行和感知层面提供一定的辅助自动化能力，比如通过工具或脚本批量执行重复的任务，在固定上下文的情况下能够提高一定的效率。

尽管经历了21世纪初期的互联网泡沫，但随着互联网用户的增加，互联网在现代经济生活中正发挥着日益重要的作用，也标志着人类社会进入互联网时代。在这一时期，企业纷纷将业务迁移至线上，扩展线上渠道，如网上银行、在线聊天、在线游戏、网上购物，在线生活服务等应用呈爆发式增长。

在这一阶段，随着企业IT基础设施规模的进一步扩大，依赖人工进行的线下变更操作给基础设施管理造成了异常混乱的局面，导致IT故障频发。因此企业引入ITIL管理体系，规范IT基础设施日常变更管理和事件处置流程。ITIL为企业的IT基础设施管理提供了客观、严谨、可量化的标准和规范，企业的IT部门和最终用户可以根据自己的需求和能力，参考ITIL定义自己所要求的不同服务水平，从而确保IT基础设施管理能为企业的业务运作提供更好的支持。对企业来说，实施ITIL最大的意义在于把IT与业务紧密地结合起来，从而让企业的IT投资回报最大化。

另外，网络人均管理设备的数量已经超越了人的能力范围。一味地招聘新人已经无法满足日益增长的网络管理需求，所以催生了自动化运维理念。网络运营（Network Operations，NetOps）正是在这一背景下提出的，其核心目标是通过使用虚拟化、自动化、编排引擎、应用程序接口（Applicaton Program Interface，API）等工具和技术，使网络管理团队能够让日常重复性的网络变更实现抽象和自动化，并将其直接加入应用程序的交付工作流程中。NetOps自动重用已建立好的调度、配置和部署策略，使网络管理更加一致，从而提高性能和效率。

此阶段的NetOps主要聚焦在感知和执行层面，包括自动化工具和网络监控工具。自动化工具旨在通过软件工具解放人的双手，代表工具有Puppet、Chef、SaltStack、Ansible等。网络监控工具旨在通过状态指标的实时收集，自动识别和标记潜在的、已发生的性能问题及故障，代表工具有BMC PPM、IBM Netcool、Splunk等。以上工具绝大多数创建于此时期。

下面以开通访问关系场景为例，看看这个阶段有了哪些变化。详细用户旅程如图2-6所示。

首先，网络变更的感知从线下转移到了线上的IT服务管理（IT Service Management，ITSM）系统，参考ITIL的IT运维管理流程，不再处于没有标准的混沌状态。

其次，大量的重复性执行操作无须人工干预，通过工具来自动执行。

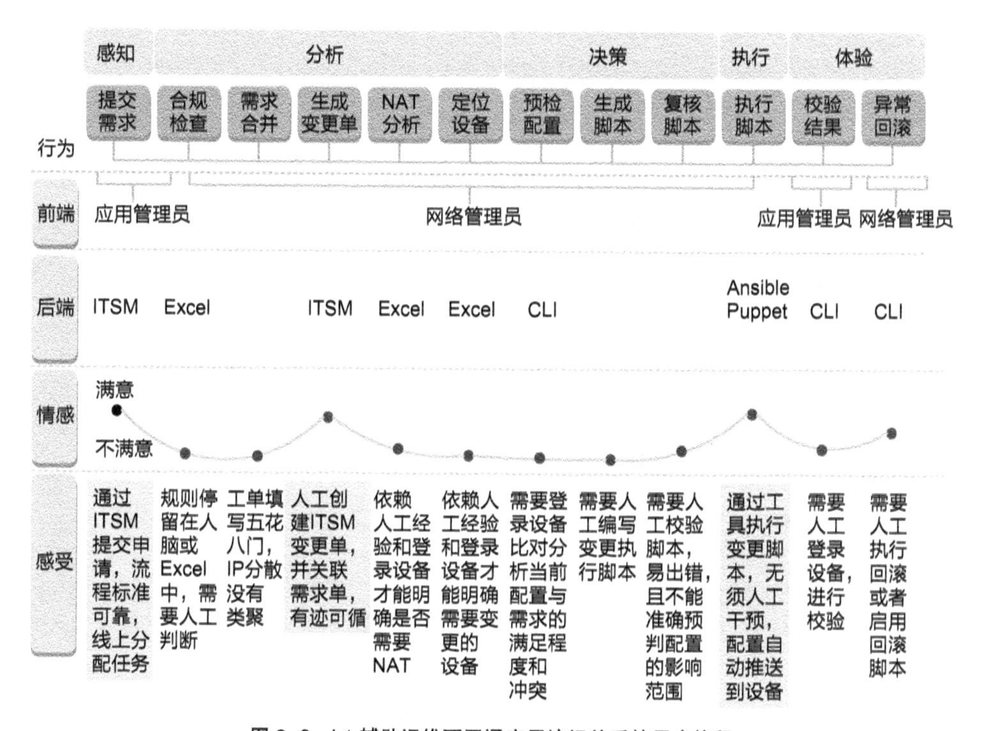

图 2-6　L1 辅助运维下开通应用访问关系的用户旅程

看起来，L1相比L0，在流程和自动化上有了比较大的进步，但是从图2-6中仍然可以看到，还有很多需要人工处理的步骤。

2.2.3　L2：部分自动驾驶网络

L2在执行阶段已经实现全自动化，同时增加了基于静态规则的自动分析能力，此时的分析能力还较弱，不具备灵活的扩展能力。

随着智能手机的诞生，移动互联网时代到来了。随着手机等便携式终端的出现，人们可以随时随地访问互联网资源，企业也可以在任何时间、任何地点为任何人提供服务，这大大加速了互联网流量的增加。而互联网流量的增加，给企业的IT基础设施带来了沉重的负担，尤其是网络管理团队，其管理的网络规模正以惊人的速度成倍增长。曾经的自动化工具已经无法完成如今频繁的业务变更带来的繁重工作，此时势必需要一种全新的自动化能力，从广度和深度上实现更全面的网络自动化。

在此阶段，企业网络管理部门尝试开始构建自己的网络管理体系，用于更高效、更自动化地管理网络基础设施。不同的网络管理团队各自建设独具特色的管理系统，然后通过统一的平台无缝集成这些管理系统，并且做到不同管理系统的管理和数据的拉通，从而实现不同网络资源的有效协同、敏捷交付。也就是说，网络管理不再是针对单一网元的管理，而是变为对整网的管理。

下面以开通访问关系场景为例，看看这个阶段有了哪些变化。详细用户旅程如图2-7所示。

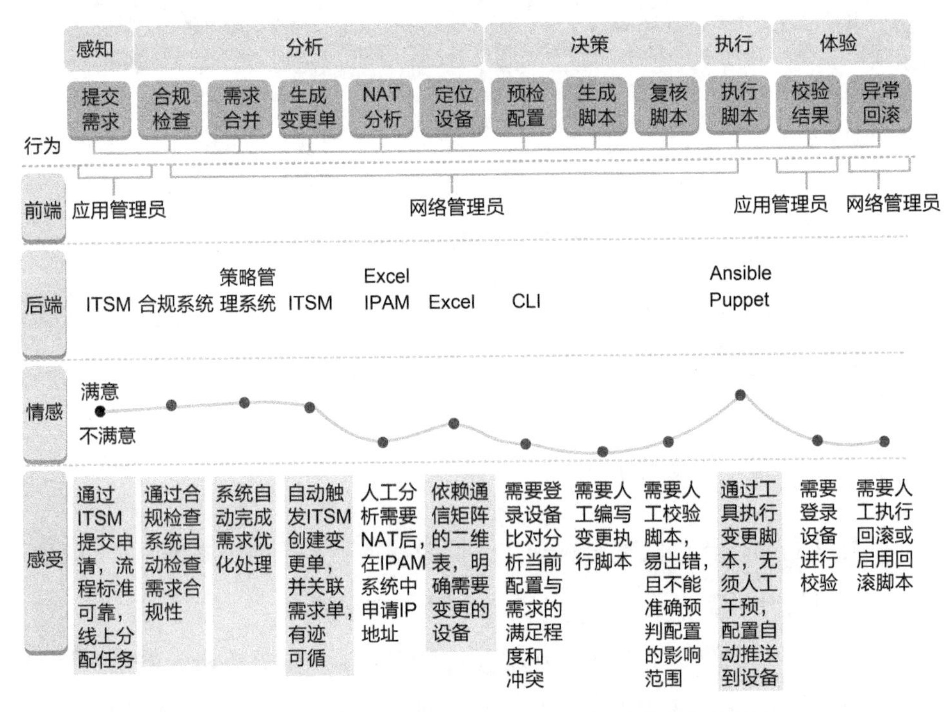

图 2-7　L2 部分自动驾驶网络下开通应用访问关系的用户旅程

从图2-7中我们可以发现，与L1相比，L2在分析层面增加了一定的自动化能力，但此时的分析能力构筑在静态的规则之上，无法适应所有场景。比如我们可以基于访问关系通信矩阵的二维表，构筑定位设备的自动分析能力，在企业数据中心网络内部，此规则还可以正常运作。但是如果涉及互联网和第三方专线的开通，此规则就无能为力了，也无法执行NAT的相关分析，并且如果网络自身发生了变化，还需要人工维护更新此二维表，不然会影响分析的准确性。

2.2.4　L3：有条件自动驾驶网络

L3阶段在执行、感知层面已经可以实现全自动，并且增加了部分决策的自动化能力。

数字孪生是迈克尔·格里夫斯（Michael Grieves）教授在产品生命周期管理中提出的“物理产品的虚拟数字化”概念。随着IT的不断发展，该概念的含义也在不断演进。当前，数字孪生比较广泛的定义是综合运用感知、计算、建模等信息技术，基于物理模型、实时状态等信息，通过仿真过程再现物理世界的形状、属性、行为和规则，将物理世界在虚拟空间中进行映射、同步更新状态，反映物理世界对象的生命周期过程。

人们可以通过数字孪生系统模拟出物理世界中的事物，实现对物理世界的多维度实时监控、快速调整、功能预验证和智能预测等。比如，当我们为一座城市构建出数字孪生体后，就可以基于该孪生体对城市的环境进行实时监控，以优化城市的资源利用率，例如实现交通的智能调度。再比如，当我们为一个企业数据中心构建出数字孪生体后，就可以基于该孪生体对该企业数据中心的配置和状态进行实时检查、校验，以优化变更体验及业务连续性，实现变更前的精准决策等。由此可以想象，数字孪生将为IT基础设施管理注入新的能力，大大提高管理的效率，预防故障的发生，优化提高IT基础设施的使用效率，等等。

近些年，数字孪生技术的大力发展和应用，为决策层面的自动化提供了技术支撑，L3有条件自动驾驶网络开始成为可能。

下面以开通访问关系场景为例，看看这个阶段有了哪些变化。详细用户旅程如图2-8所示。

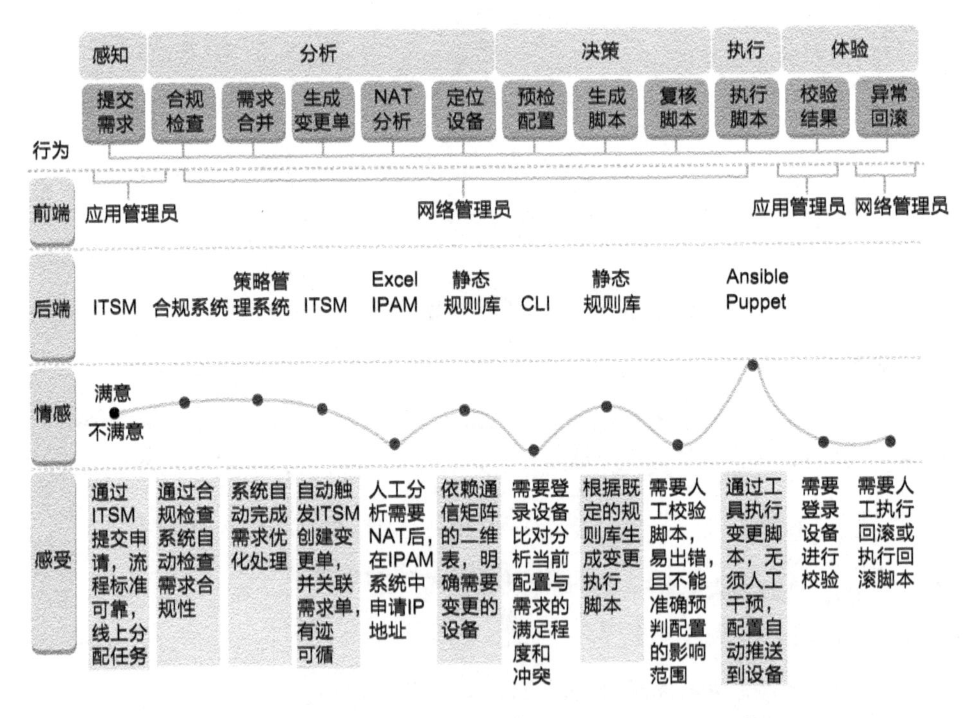

图 2-8　L3 有条件自动驾驶网络下开通应用访问关系的用户旅程

从图2-8中可以看出，在决策层面，借助数字孪生技术，可以在“预检配置”和“复核脚本”时提供一定的决策自动化能力，通过网络的数字孪生环境自动分析和提前评估变更的影响性。这大大地提高了效率，并避免了由异常变更引发的故障。基于数字孪生衍生出的网络仿真技术，虽然可以解决一定的决策问题，但此时还存在覆盖范围、准确性、性能等一系列问题，所以仍然需要人工确认和人工处理，决策系统还是辅助性的。

2.2.5　L4：高度自动驾驶网络

L4阶段，感知、分析、决策和执行将全部自动化，实现在特定场景下基于意图的自动闭环，极少特殊情况下才需要人工介入。

在L4高度自动驾驶网络时代，AI技术深刻地影响了IT基础设施管理，随之而来的AINetOps将彻底改变我们对网络管理的认知。AINetOps的首要优势在于，通过海量数据的学习，自动感知网络意图、自动分析数据里潜在的价值信息，并转换为决策，可以有效提高决策的效率和准确性、预测问题的发生等。具体的好处如下。

- 提高业务响应速度：基于大数据快速做出决策，快速上线业务，使企业能够跟上新兴趋势。
- 可使得网络管理从被动管理到主动管理再到预测管理，提前避免网络故障：AINetOps可以一直不断学习并在识别告警方面不断改进，这意味着它可以提供预警，让IT运维团队提前识别到潜在问题，在真正发生故障前解决这些问题。
- 实现更短的故障修复时间：通过减少非必要告警/事件并关联来自多个网络环境的操作数据，AINetOps能够比人类更快、更准确地识别故障根因并提出解决方案。这使组织能够设定和实现以前不可想象的MTTR目标。
- 实现网络运维和网络运维团队的高效运作：AINetOps运维团队不会再被来自众多网络的告警轰炸，而是只接收满足特定级别或参数的告警以及最佳和最快的纠正措施。AINetOps学习和自动化的程度越高，它就越有助于用更少的人力让网络健康运行，让IT运维团队高效运作并能专注于对业务具有更大战略价值的任务。

下面以开通访问关系场景为例，详细用户旅程如图2-9所示。

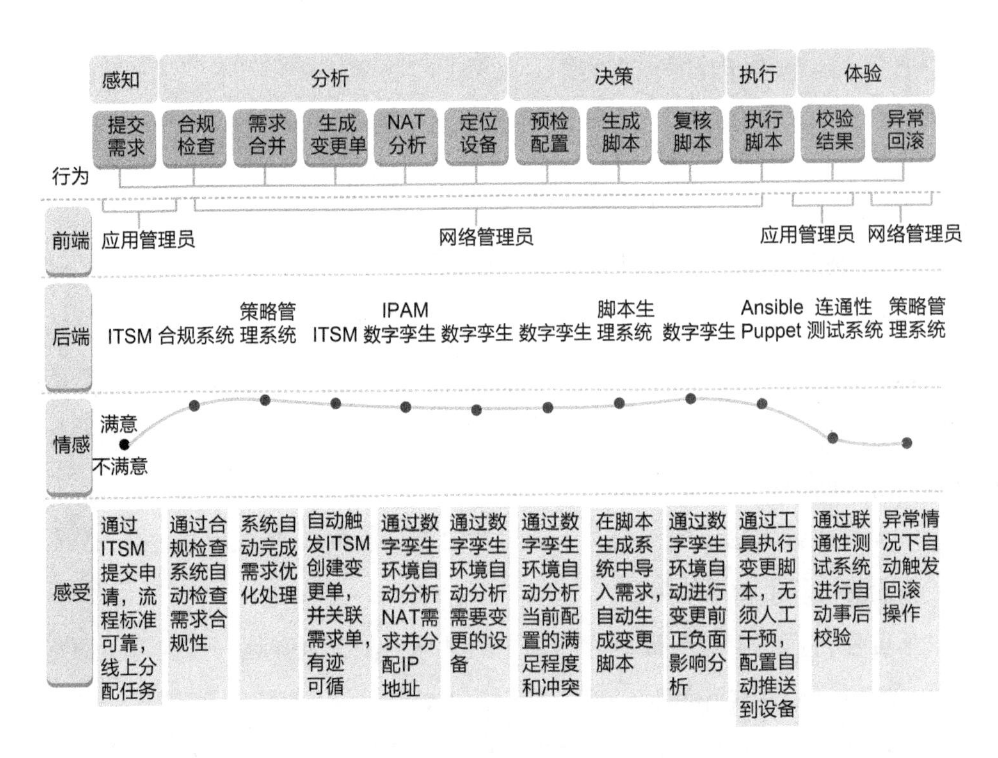

图 2-9　L4 高度自动驾驶网络下开通访问关系的用户旅程

从图2-9中可以看出，当达到L4以后，决策层面的工作也可以全自动化执行了，并且意图的输入在特定场景下，可以不依赖人工，而是系统自动感知。以应用系统内部不同的服务间开通访问关系为例，在学习到应用自身的部署架构后，可以根据服务的不同安全等级，自动识别开通的意图，如半信任区的Web服务需要访问内网区的App服务、内网区的App服务需要访问大数据区的数据库服务等，随后当应用系统上线时，通过感知服务器的状态，在服务就绪后，网络资源实时按需自动开通访问关系而无须人工输入工单。

但是面对复杂的场景，此时AI仍然不能做到意图的自动识别。比如说互联网用户、外部第三方机构等的访问关系，具有非常大的不确定性，在这种情况下，很难通过规则或AI还原真正的意图。

2.2.6 L5：完全自动驾驶网络

L5等级完全自动驾驶网络是企业网络发展的终极目标，这一阶段，系统具备在任意场景中跨业务、跨多领域的全生命周期的全场景闭环自治能力，真正实现无人驾驶网络。

该等级的核心理念是从网络视角转变为业务视角，通过业务意图驱动整个网络的运行。此时，系统从被动执行转变为智能决策，系统可自动感知业务的实时状态，并结合网络领域的SLA，通过事前自动评估、事后自动验收、发现问题后自动定位等能力进行自优化和调整，从而实现基于意图的闭环自治。

在L4能力的基础上，系统能够在更复杂的跨多网络领域环境中，面向企业业务和客户体验驱动网络的预测性或者主动性闭环自治。L5网络智能化程度更高，系统可以提前预测和分析潜在风险，并主动进行优化调整，保证网络持续满足业务要求，这样就可以在客户投诉之前解决问题，从而减少业务中断和对客户的影响，大幅提升客户满意度。

下面以开通访问关系场景为例，详细用户旅程如图2-10所示。

可以看到此时的访问关系自动开通，已经能够做到端到端的全自动化、智能化，做到完全无人干预，并且能够适配所有场景和上下文环境，无论是从哪里来的意图，包括但不限于应用系统内部的、应用系统之间的、分支机构的、互联网的、外部单位的，等等，都能够快速、安全、按需开通。

以应用系统之间开通访问关系场景为例，此时自动驾驶网络体系已经可以连接到企业内部的研发管理体系，可以感知应用程序自身代码的变化，从而能够学习和感知其对下游应用的调用意图。再结合应用拓扑的关系图谱，自动还原应用间的互访意图，从而生成相关的网络开通请求，转入网络开通访问关系流程中，实现全流程的自动闭环，达成网络自治、自演进、自优化的终极目标。

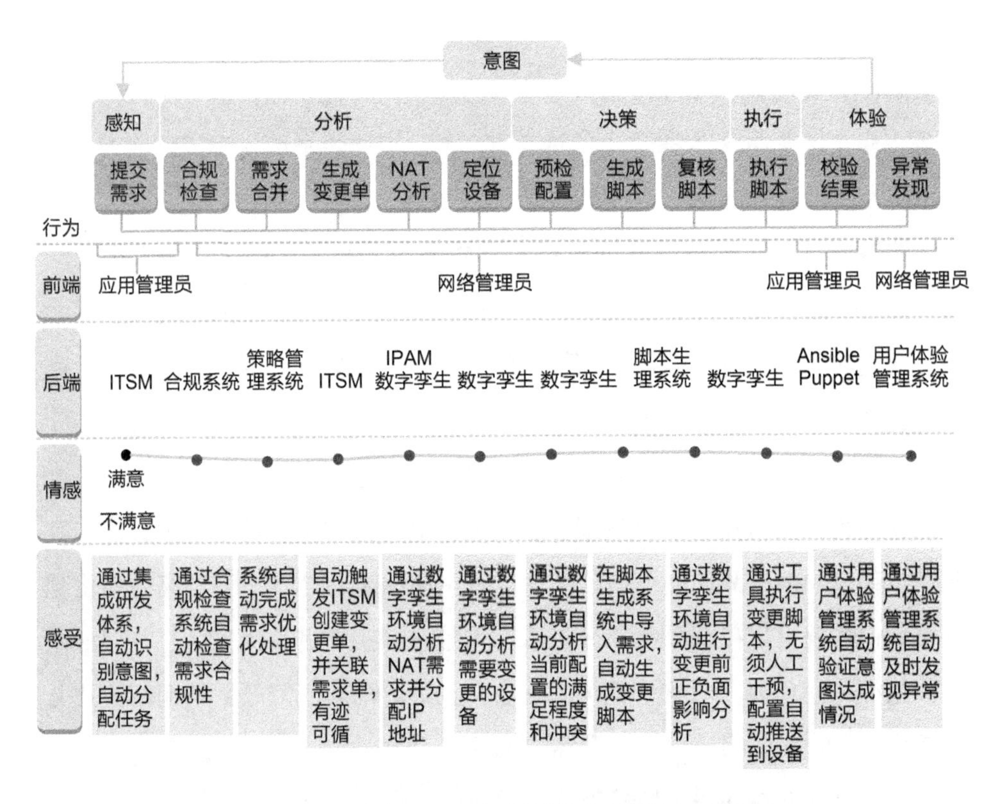

图 2-10　L5 完全自动驾驶网络下开通访问关系的用户旅程

由此可见，实现此目标的前提是自动驾驶网络体系需要与企业内部其他体系进行无缝衔接，实现功能层面和数据层面的数字化打通，如图2-11所示。网络在企业内部众多的“对象”中，处于最下层，其上承载了计算、存储、安全、服务、应用、业务、客户等。作为“底层”的网络，需要满足不同用户的意图，如企业管理者降本增效的意图、客户体验优化的意图、服务开通的意图、应用高可用的意图等。

自动驾驶网络体系在获取周边体系能力的同时，还能反过来赋能其他体系，帮助周边实现更加智能的、全场景、全流程的自动化能力。举例说明如下。

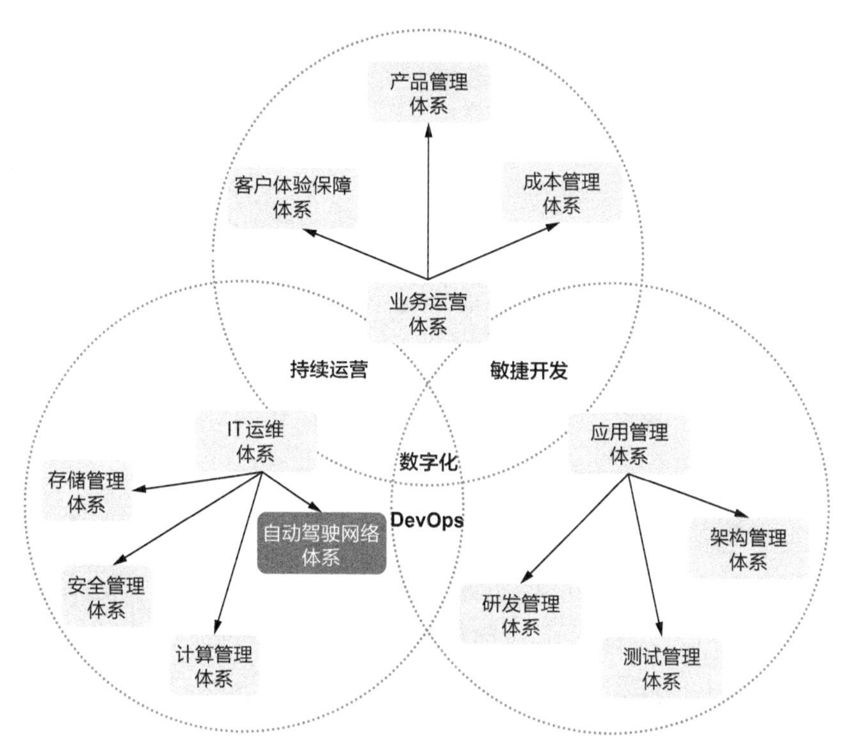

图 2-11　自动驾驶网络体系与企业内部其他体系的关系

在计算管理体系的既有能力里，有一个特性叫智能调度，但此时的“智能”还达不到真正的智能，因为其只能根据服务器相关的指标，如中央处理器（Central Processing Unit，CPU）使用率、内存使用率等进行计算资源的分配和调度。由于无法参考网络指标，调度的资源可能由于网络的异常或关键性能指标（Key Performance Indicator，KPI）而得不到保障，导致业务中断或体验下降。借助自动驾驶网络体系的能力，提供实时的网络现状及KPI，同时借助成本管理体系，最终可以分析出一个最优的资源调度方案，同时满足应用部署、节能、用户体验等意图。比如在公有云或者电费较低的数据中心调度资源，又或者在离用户较近的内容分发网络（Content Delivery Network，CDN）和边缘数据中心调度资源。

企业数字化无疑是当下及未来最受人瞩目的方向，在未来的数字世界里，企业网络要想达到L5级，实现可自演进和自优化的终极目标，依赖网络自我认知、人类知识和经验的提取、转化、场景匹配等方面的理论及技术突破，仍需较长的探索周期，存在一定的不确定性，需要一代代网络人的不断创新、尝试和实践。

2.3 业界自动驾驶网络发展情况

自1969年第一张基于分组交换技术的网络阿帕网（Advanced Research Project Agency Network，ARPANET）诞生以来，计算机网络技术在过去的半个世纪中经历了爆炸式的发展。随着技术的飞速发展以及应用的全面普及，如何通过标准化的网络体系结构来实现复杂的网络互联，成为业界的重点研究课题。在从实验网到局域网再到互联网的发展过程中，全世界的产业组织、标准组织、开源组织、学术科研单位以及政府机构，都积极投入网络技术规范的制定和网络基础设施的建设管理中，齐心协力打造了IP网络生态圈，为网络技术的蓬勃发展与全面普及做出了巨大的贡献，同时也为全面信息化、数字化时代的到来打下坚实基础。

在21世纪的今天，数字化技术与实体经济共生成为主流，数字经济已经成为现代社会转型升级的新驱动力，数字化转型成为企业发展的新目标。企业希望通过数字技术来改善运营效率、迭代产品服务，进而扩大用户规模，创造基于信息数据的新收入。在这个过程中，从物联网设备到分布式云以及边缘平台的超大连接与超高速度是关键，IP网络凭借优质的连接能力在其中承担了重要角色。

在通信领域，诸多的专家、学者仍在孜孜不倦地探索新一代IP网络连接技术，以及如何通过自动化、智能化的技术手段来实现自动驾驶网络。同时，在各个垂直行业领域，越来越多的企业部门从生产办公的实际需求出发，逐步加大对网络基础设施的研究力度，更多地参与这一专项领域的生态标准建设工作，期望打造出与企业业务更匹配的行业专网。自动驾驶网络作为ICT领域新兴的技术方向，目前还处于发展的初期阶段。如图2-12所示，在宏观大局上，需要各行业的监管部委、头部企业，以及网络基础设施的软硬件提供商共同营造产业氛围，达成产业共识，制定相关策略，以指明产业的技术发展方向，协力打造产业的上下游链条环节，形成良性的产业生态。在微观执行层面，需要结合标准制定、开源项目以及生态建设，按需有节奏地推进自动驾驶网络技术的稳步发展。对于涉及互联互通的接口定义、涉及统一建设的系统架构和基础能力定义、涉及自动驾驶网络能力的分级定义等，都需要通过制定标准的方式来避免“野蛮生长”导致的孤立系统无法对接的问题。而对于一些通用软件能力的构建，则可以通过开源的方式来引入更多的合作伙伴，共同营造欣欣向荣的产业生态。

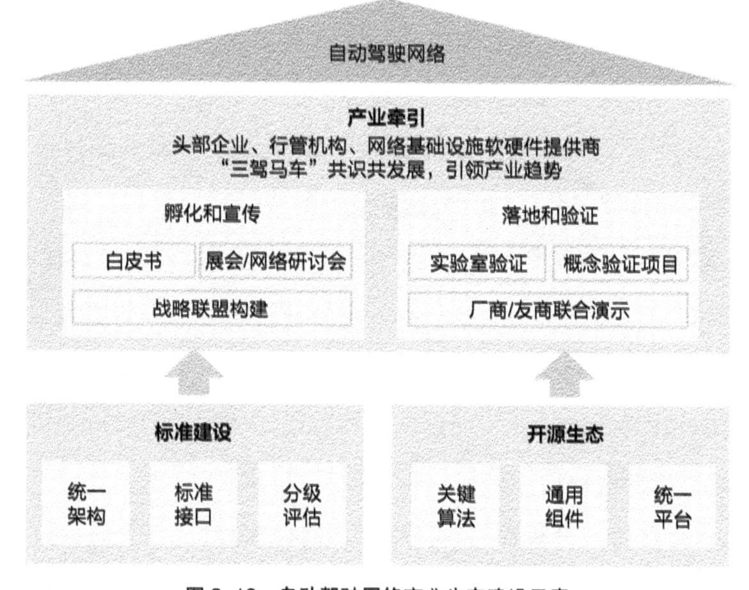

图 2-12　自动驾驶网络产业生态建设示意

接下来，一起看一下自动驾驶网络在各标准组织中的发展情况，以及在各行业的推进情况。

1. TMF

TMF是一个为电信运营和管理提供策略建议及实施方案的世界性组织，

是专注于通信行业运行支撑系统（Operational Support System，OSS）和管理问题的全球性非营利性社团联盟。

TMF总部位于美国新泽西州，由AT&T、BT、北电、HP等公司于1988年发起成立。它是一个非常权威的行业组织，其领先的信息资源、知识和技术方案被业界广泛认同。它为会员提供了一个协同工作的环境，在这个环境里，会员可以探讨电信服务提供商最重要的业务和技术需求，它还为会员提供了一个汇集行业信息和潜在解决方案的在线知识库。它的主要客户有3类：服务提供商、硬件软件提供商及系统集成商。

经过几十年的发展，已经有来自75个国家/地区的700多家公司机构成为TMF的会员，涵盖了运营、电信设备、IT设备、电信软件、系统集成等行业，包括思特奇、亚信、中国移动、中国电信、中兴和华为等中国会员。90%的TMF会员是世界领先的电信服务提供商，其中一些活跃的TMF会员正帮助驱动和把握行业的发展方向，关注着技术体系、运营效率和运营商的营收能力。目前，这些成员已经就业务支撑系统（Basic Service Set，BSS）/OSS的发展方向构建了公开的、全行业范围的战略性设想。

TMF每年举办两次全球性的会议，TMF提出的下一代运营支撑系统（Next-Generation Operations Support System，NGOSS）功能模型，包括电信运营图（Telecom Operation Map，TOM）和增强型电信运营图（enhanced Telecom Operation Map，eTOM），被国际电信运营商和设备制造商以及电信运营支撑系统开发商广泛接受，成为事实上的国际标准。

TMF是业界第一个提出自动驾驶网络概念的标准组织。2019年5月，TMF联合多个厂家，合作发布了业界第一部自动驾驶网络白皮书，提出了“单域自治、跨域协同”的三层框架与四个闭环，初步定义了自动驾驶网络L0～L5的高阶分级标准，并在2020年10月发布了白皮书2.0版本，以及商业架构（Business Architecture）与技术架构（Technical Architecture）文稿，给各行各业提供了网络数字化转型的架构蓝图。

2. IETF

因特网工程任务组（Internet Engineering Task Force，IETF），成立于1985年底，是全球互联网最具权威的技术标准化组织，主要负责互联网相关技术规范的研发和制定，当前绝大多数国际互联网技术标准出自IETF。IETF是一个由为互联网技术工程及发展做出贡献的专家自发参与和管理的国际民间机构，汇集了互联网行业内的网络设计者、运营者、投资人和研究人员。

IETF成立之初，整个组织的研究范围定义为物理设备之上、应用之下。但随着研究工作的深入以及交叉技术的应用，IETF也在不断探索新的领域，比如对原本不太涉及的应用领域技术也设置了很多研究课题。

IETF产生两种文稿输出件，一个叫作Internet Draft，即“互联网草案”，另一个叫作RFC（Request for Comments），即“请求意见稿”。任何人都可以提交Internet Draft，没有任何特殊限制，而且其他的成员也可以对它采取一种无所谓的态度，IETF的很多重要的文件都是从Draft开始的。需要说明的是，仅仅为Internet Draft毫无意义。Internet Draft实际上有几个用途，有些提交上来变成RFC，有些提出来讨论，有些拿出来就想发表一些文章。RFC在发布以后，它的内容不可改变，但可以在新版本上迭代更新。

IETF在网络管理自动化、智能化领域一直进行着积极的探索与研究，特别是自动整体架构和意图定义这两个技术领域，在TEAS、OPSAWG、NMRG等工作组已经有成熟的标准成果，如RFC 8453、RFC 8309等。

3. ETSI

欧洲电信标准组织（European Telecommunications Standards Institute，ETSI），是由欧洲共同体委员会于1988年批准建立的一个非营利性的电信标准化组织，总部设在法国南部的尼斯。ETSI的标准化领域主要是电信业，并涉及与其他组织合作的信息及广播技术领域。ETSI作为一个被欧洲标准化委员会和欧洲邮电管理委员会认可的电信标准化协会，其制定的推荐性标准常被欧洲共同体作为欧洲法规的技术基础而采用并被要求执行。

ETSI的标准化工作由不同的技术机构负责，包括技术委员会（Technical Committee）、ETSI项目组（ETSI Project）、ETSI合作项目组（ETSI Partnership Project）、行业规范组（Industry Specification Group）、特别委员会（Special Committee），以及专门任务组（Specialist Task Force），各技术机构的具体职责在ETSI官方网站有详细介绍。需要特别说明的是行业规范组在网络技术领域非常活跃，成立了如ENI（Experiential Networked Intelligence，经验式网络智能）、F5G（5th Generation Fixed Network，第五代固定网络）、IPE（IPv6 Enhanced Innovation，IPv6增强创新）、MEC（Multi-access Edge Computing，多接入边缘计算）、NFV（Network Function Virtualization，网络功能虚拟化）、ZSM（Zero-touch network and Service Management，零接触网络与业务管理）等一系列的工作组，针对下一代网络技术以及网络自动化、智能化管理技术展开了大量的研究。其中，ENI工作组聚焦在网络智能化领域的研究，并于2021年发布的“Evaluation of categories for AI application to Networks”研究报告中，定义了数据中心自动驾驶网络分级能力要求。

4. CCSA

中国通信标准化协会（China Communications Standards Association，CCSA），是国内企事业单位自愿联合组织起来，经业务主管部门批准，国家社团登记管理机关登记，在全国范围内开展信息通信技术领域标准化活动的非营利性法人社会团体。协会采用单位会员制，作为开放的标准化组织，面向全社会开放会员申请，广泛吸收产品制造、通信运营、互联网等企业，科研、技术开发、设计单位，高等院校和社团组织等参加协会。协会遵守中国宪法、法律、法规和国家政策，接受业务主管部门、社团登记管理机关的业务指导和监督管理。

CCSA设置会员大会、战略指导委员会、理事会、监事和技术管理委员会，根据技术和标准研发需求，设置技术工作委员会、特设任务组、标准推进委员会等技术机构，秘书处作为协会日常工作机构。协会负责组织信息通信领域国家标准、行业标准以及团体标准的制定修订工作，承担国家标准化管理委员会、工业和信息化部信息通信领域标准归口管理工作。国家标准化管理委员会批准的全国通信标准化技术委员会和全国通信服务标准化技术委员会秘书处设在协会。

CCSA成立以来，在工业和信息化部以及国家标准化委员会的领导下，在理事会和会员共同努力下，制定完成了通信标准战略、信息通信行业“十三五”规划、标准体系和研究指南等大量文件，制定和发布信息通信国家标准近400项，通信行业标准4000余项，团体标准289项，研究课题500多项，主要内容包括：

- 移动通信3G、4G和5G的网络、基站、业务及终端；
- 传送网、宽带接入、光通信、光纤、光缆；
- 卫星通信、数字集群、短波通信、频率分配；
- 云计算、雾计算、大数据、人工智能；
- 区块链、边缘计算。

CCSA在网络自动化、智能化领域也进行了大量的研究工作，其中互联网与应用委员会（TC1）、网络管理与运营支撑委员会（TC7）等都成立了相关项目以进行技术探索与标准制定工作。

至此，大家已经了解了自动驾驶网络的概念、价值、分级标准以及业界自动驾驶网络的发展情况。那么接下来，我们一起看一下自动驾驶网络应用到企业网络的具体架构。

第3章
总览企业自动驾驶网络的整体架构

根据《2021年IDC企业自动驾驶网络调研，N=203》的调研结果，有超过一半的企业表示其网络架构难以完美满足其数字化转型的需求。企业自动驾驶网络就是为了应对这些挑战而诞生的，其主要目的是通过打造全智能、自治的网络架构，支撑企业的数字化转型。本章首先介绍标准的企业架构，然后从业务架构、应用架构、信息架构和技术架构这4个维度全面介绍企业自动驾驶网络的整体架构。

3.1 什么是企业架构

面向企业的自动驾驶网络解决方案架构，自然也是基于标准的企业架构来构建的。

我们先来看一下什么是企业架构。从一般意义上来说，企业架构体现了一种规划、治理和创新的能力，它提供了整体的蓝图，描绘了业务流程、信息、应用和技术应该如何设计和实施，以实现业务目标。

同时，企业架构也是将企业所有资源和业务数据化的一系列关键手段和工具。它通过数据自动流动驱动价值决策，基于智能化业务价值链中每个环节的决策来提升资源的配置效率，从而提升竞争力，帮助CIO从任务“交付型”高管转变为“IT和业务相结合”的高管。它搭建了连通业务与IT、战略与项目的桥梁。

而良好的企业架构设计，需要满足如下几点。

- 稳定性：保证架构足够支持业务的持续演进，不会因为业务的变化导致架构被推倒重来，需要具备清晰的原则依据。
- 开放性：具备与企业内部的其他组织、生态系统拉通的能力，从而为实现企业更高级的目标提供支撑。
- 可扩展性：基于对看不到的预期和可能性的备案式思考，具备针对不期而至的新功能、新特性的兼容性。

目前，业界广泛认同的企业架构定义是企业架构标准组织The Open Group给出的：企业架构描述了构成企业的多个要素之间的关系，以及用于管控架构设计、演进的原则和指引。该组织同时还定义了企业架构的标准四要素（也称为“4A要素”），如图3-1所示，说明如下。

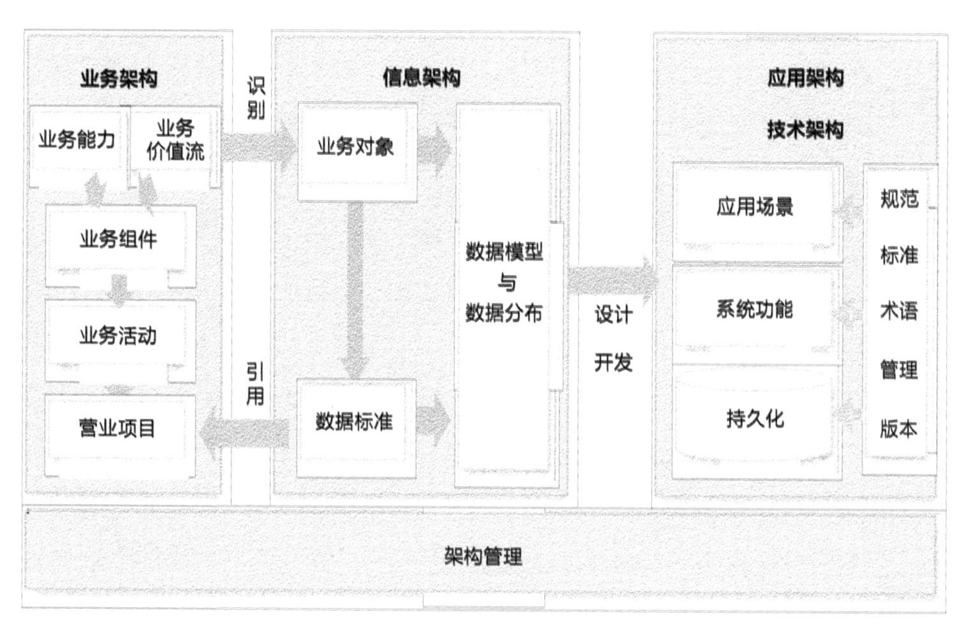

图 3-1　企业架构的四要素

- 业务架构（Business Architecture，BA）：业务的结构化表达，描述组织如何运用业务的关键要素来实现其战略意图和目标。业务架构涵盖业务价值流、业务能力等。

- 信息架构（Information Architecture，IA）：以结构化的方式描述在业务运作和管理决策中所需要的各类信息及其相关的一整套整体组件规范。信息架构涵盖业务对象、逻辑实体等。
- 应用架构（Applications Architecture，AA）：描述各种用于支持业务架构并对信息架构所定义的各种数据进行处理的应用功能。应用架构涵盖产品、应用系统模块等。
- 技术架构（Technology Architecture，TA）：代表各种可以从市场或组织内部获得的软件和硬件组件。技术架构涵盖技术组件、技术服务等。

需要注意的是，企业架构不是一成不变的，会随着时间进行演进，外部环境、公司战略、运营模式、技术升级等因素都会驱动架构的更新。基于这个维度，我们可以认为企业架构是由技术和数据双轮驱动的、逐步提升服务水平的过程。企业架构第一步要完成数字化；第二步通过技术优化资源配置，驱动对外和对内服务水平的彻底提升，以及面向未来不确定性的应对能力和效率的提高。其中，对外服务水平包括用户体验及应用的服务化水平，对内服务水平包括自身效率及周边协同能力。

通过技术和数据的双轮驱动，企业数字化在不断前行，也促使企业网络朝着数字化、服务化和智能化的方向演进，面向基础网络设施的管理需要新的数字化管控架构。图3-2所示是典型金融领域在本地部署的网络数字化管控架构。金融领域的网络基础设施主要包含接入网和骨干网两个部分，因特网接入点（Point Of Presence，POP）的左侧一般是接入网，实现企业园区、网点分支、外联机构（包括海外分支）等的接入；POP的右侧实现多地多云的互联互通。

图3-2中所展示的企业逻辑组网架构虽然看起来比较简单，但实际部署运行的时候，却是一张巨大的、多厂商设备并存的异构网络，运维的成本远超设备购买成本，网络管理有很多令人头疼的复杂问题。

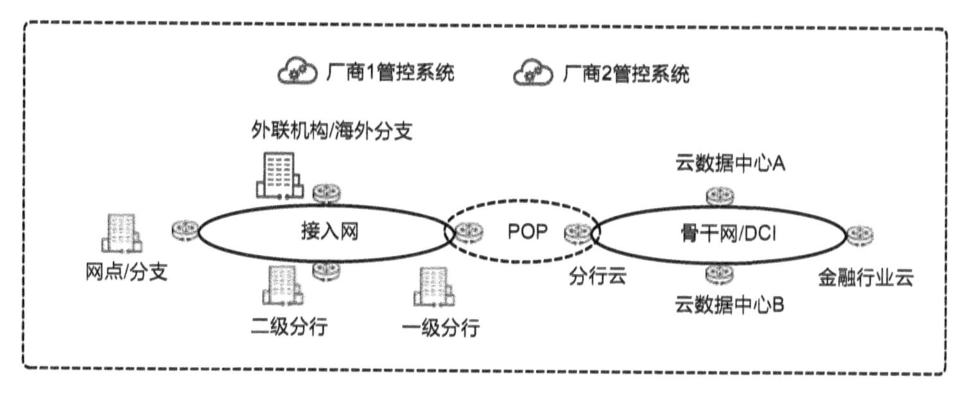

图 3-2　典型金融领域在本地部署的网络数字化管控架构

首先，零散分布的网络孤岛导致无法形成端到端自动化网络部署，业务上线周期长。其次，多厂商设备并存的网络，导致网络变更设计完全依赖专家经验，审核设计周期长、验证效率低、人工易出错。再次，无端到端的网络可视化和分析能力，故障发现晚于业务发现，发现问题之后也无法快速定位和修复，更无法自证网络“清白”，导致网络管理人员陷入运维的泥潭中而无法抽身。最后，应用和网络割裂，无论网络是否跨域，都无法支撑有效的运营，虽然存在大量的网络运行指标、告警、日志，却无法给网络管理人员提供精准的业务保障能力。

数字化的网络管控架构需要解决以上提及的问题，发挥网络数字化转型的作用。企业自动驾驶网络提供的新架构正是按照4A要素分层设计的，支持架构持续演进，逐步提升网络管理服务水平，助力企业实现数字化转型的全局目标。

| 3.2　企业自动驾驶网络的业务架构 |

进行业务架构设计时，需要围绕目标网络，明确业务目标。首先要确定目标网络对外提供的功能集合，在自动驾驶网络体系中，一般按照网络管理全生命周期的各个阶段，即规、建、维、优、营（即规划、建设、维护、优化、运营）的分类来进行设计。

其次，需要对目标网络进行分段，例如接入网、核心网、数据中心网络、园区网络等。同时，还要确定应用提供的功能集合，即叠加到这张网络的业务有哪些，需要满足哪些指标，比如网络承载哪些应用，包括视频、语音、办公、研发相关等；安全方面需要达到国家的哪些安全标准，同时能否抵抗外部的安全攻击；用户和物联网终端接入这张网络需要提供什么样的体验。

业务架构也需要确定网络、应用的数据，能否为企业的战略发展提供有效的洞察和输入；所采用的架构和技术能否达到业界的先进水平，能否成为同行的标杆，甚至引领行业的标准制定。

为了满足上述要求，需要采用分层框架的思想，如图3-3所示，对复杂的业务逻辑逐层进行分解。

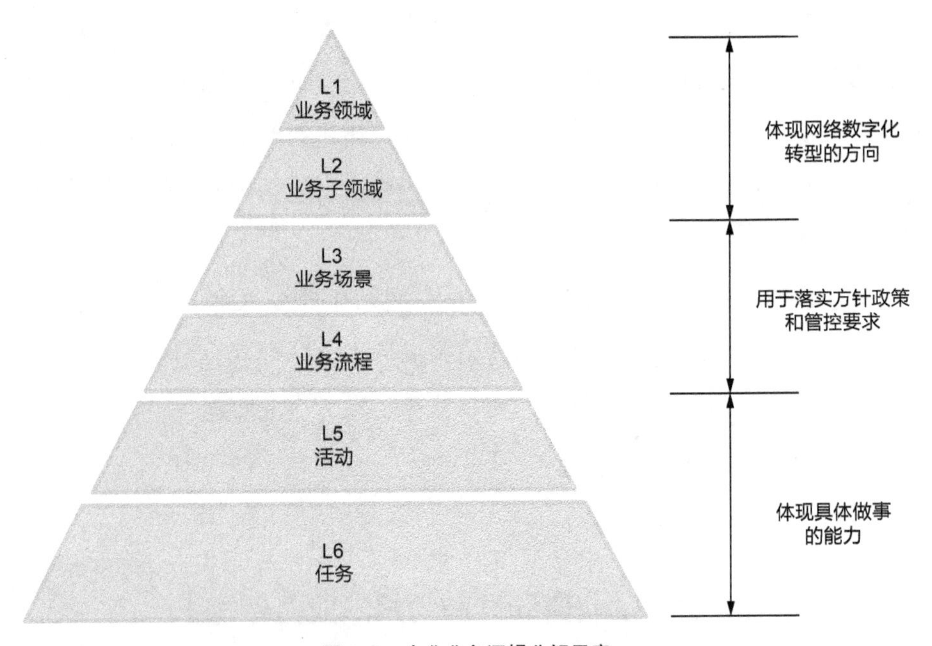

图 3-3　企业业务逻辑分解示意

第一步，分析业务领域，即从用户价值出发，分析网络的业务模式和价值链特点，从而为客户创造有价值的结果，如进行网络规划设计、网络投产建设等。

第二步，分析业务子领域，或者说职能，以确保实现用户需求为目的，分析企业各部门间和岗位间的协作关系，如平台网络组、核心网络组和应用网络组等之间的协作关系。

第三步，分析业务场景，即实现某一特定目标的一组人力、流程和技术的集合，帮助企业实现期望达到的结果，如开通访问关系、服务器扩容等。

第四步，分析业务流程，这是业务场景的具象化，需要描述网络增值的端到端的业务过程，如开通访问关系的流程。

第五步，用活动将流程分解成落实到角色的可执行单元，这是应用服务功能设计的基础，如设定控制点定位活动。

第六步，将活动进一步分解成便于理解和执行的任务，任务可以分为正向任务、逆向任务和查看任务，如访问路径计算、NAT分析、阻断分析等。

基于上述的业务逻辑分析方法，企业自动驾驶网络中的业务架构首先按照规、建、维、优、营对业务领域进行分类，再向下进行逐层设计。表3-1给出了典型企业自动驾驶网络的业务架构示例。

表 3-1　典型企业自动驾驶网络的业务架构示例

业务领域	业务子领域	业务场景
规划设计	数据中心	网络区域规划、安全规划
	骨干网	专线规划、隧道规划
	分支接入	分支规划
	园区	园区规划
建设实施	基础网络	路由器开局、交换机开局、路由器扩容、核心层扩容、汇聚层扩容、接入层扩容
	应用网络	防火墙开局、防火墙扩容、负载均衡开局、负载均衡扩容、DNS（Domain Name System，域名系统）开局、DNS 扩容
运维管理	基础网络	告警纳管、网络巡检、网络审计、升级割接、网络拓扑管理
	应用网络	应用上线、应用迁移、应用扩缩容、应用拓扑管理、应用安全
	一线网络	告警处理、故障处理、开通访问关系、交易路径追踪、用户投诉跟踪

续表

业务领域	业务子领域	业务场景
优化分析	基础网络	广域网线路容量管理、局域网线路容量管理、网络资源容量管理、访问策略优化、应急演练
	应用网络	内容分发网络开通、网络流量压缩、病毒库更新、安全态势感知、应急演练
	一线网络	网络封禁、全局负载均衡切换、线路切换、告警合并 & 关联、用户体验分析
	专家网络	交易路径优化、线路容量管理、设备容量管理、混沌测试、用户体验优化
运营支撑	基础网络	带宽配额管理、广域网隧道管理、广域网服务质量（Quality of Service，QoS）管理
	应用网络	应用 SLA 保障、应用热点支撑
	一线网络	A/B 测试、灰度发布、滚动升级、客服
	专家网络	计量计费、网络增值服务、网络数据服务
	中心领导	稳定运行、提高效能、绿色节能

基于业务场景可以向下划分具体的活动和任务。下面以网络区域规划和开通访问关系这两个常见业务场景为例，呈现企业自动驾驶网络常见的业务架构。

1. 网络区域规划

若企业需要新建一个区域网络，那么需要设计并规划组网及相关网络资源，输出高阶设计（High Level Design，HLD）和详细设计（Low Level Design，LLD）。网络区域规划的详细活动分解示例如表3-2所示。

表 3-2　网络区域规划的详细活动分解示例

活动	任务
需求分析预测	对需求进行分析和预测
HLD 的方案规划	架构规划
	参数配置规划： • 服务信息； • 解决方案

续表

活动	任务
HLD 的方案规划	设备规划： • 订单； • 选型； • 部件； • 命名规则； • 归属
	物理组网规划： • 节点位置； • 设备位置
	逻辑组网规划： • 逻辑拓扑； • 归属区域； • 链路带宽； • 收敛比
LLD 的方案设计	布局设计： • 布局参数； • 机柜布局； • 板卡布局
	连线设计： • 信息点规划； • 连线状态
	网络设计： • 互联网协议设计； • 路由设计； • 聚合口设计； • 子接口设计； • 带内管理设计； • 虚拟路由转发（Virtual Routing and Forwarding，VRF）设计； • 高可用设计
仿真决策	现网数据采集
	根据 LLD 生成规划配置文件
	仿真验证： • 路由黑洞检测； • 路由环路检测； • 冲突检测

2. 开通访问关系

应用上线后，需要开通客户端和上下游应用的访问关系，需要网络人员定位控制点并生成相关配置，下发到相关的设备。开通访问关系的详细活动分解示例见表3-3。

表 3-3 开通访问关系的详细活动分解示例

活动	任务
感知	意图输入： • 网页提交需求； • IT 服务管理同步需求
分析	合规检查： • 跨区合规分析； • 病毒端口分析
	需求合并： • IP 聚合； • 应用聚合
	生成变更单
	NAT 分析： • 是否需要 NAT； • 确定 NAT 资源
	定位控制点： • 网络数据采集； • 策略数据采集； • 访问控制列表（Access Control List，ACL）数据采集； • 访问路径计算
决策	预检： • 获取控制点存量配置； • 判断需求符合度
	生成变更脚本
	复核变更脚本
执行	执行变更脚本： • 登录设备； • 执行变更脚本
校验	网络校验：ping 连通性测试
	业务校验： • 端口连通性测试； • 业务连通性测试
	异常回滚

3.3 企业自动驾驶网络的应用架构

传统意义上的方案架构实际上指的就是应用架构，应用架构涵盖支撑业务架构的应用功能。3.2节中提到，企业自动驾驶网络的业务结构是围绕网络规、建、维、优、营全生命周期的自动化管理和智能运维业务全场景来设计的。那么为了支撑这样的业务架构，同时也面向网络数字化、服务化、智能化的演进趋势，企业自动驾驶网络的应用架构以感知引擎、意图引擎、自动化引擎、智能分析引擎和数字孪生引擎为核心，提供意图管理、仿真校验、业务发放、健康度评估等独立、微服务化的组件，协同完成网络全生命周期中规、建、维、优、营的不同阶段和不同场景的全流程闭环自动化，如图3-4所示。其中智能分析引擎、自动化引擎和数字孪生引擎是网络自动驾驶架构的关键核心组件，其能力决定网络自动化和智能化的等级。

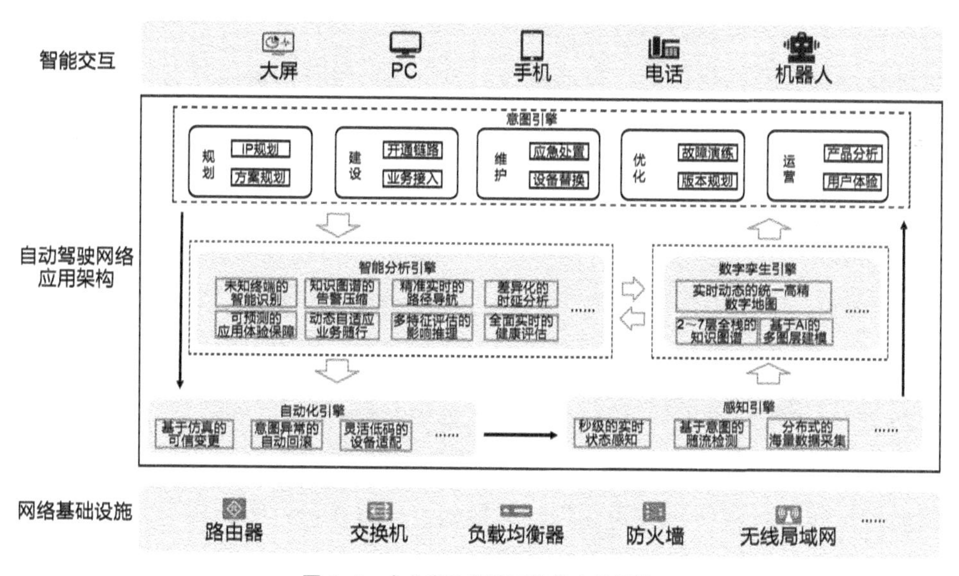

图 3-4　企业自动驾驶网络的应用架构

1. 感知引擎

感知引擎提供一整套完整的监控手段，能够有效支持白盒监控和黑盒监控。白盒监控能够了解网络内部的实际运行状态，通过对监控指标的实时秒级监控，预判可能出现的问题，从而对潜在的不确定因素进行优化。而黑盒监控，例如常见的拨测和基于意图的随流检测，可以在系统发生故障时快速自动进行处理。通过建立完善的监控体系，达到以下目的：长期趋势分析，通过对监控样本数据的持续收集和统计，对监控指标进行长期趋势分析；对比分析，对于变更前后的资源使用情况差异，通过监控能够方便地对系统进行跟踪和比较；故障分析与定位，当问题发生后，对问题进行调查和处理，识别并找到根源问题。

2. 意图引擎

意图是指用户对网络状态的一种期望，意图引擎的作用就是让网络根据用户的意图运行。意图是自动驾驶网络抽象层面的直观体现，将过去对客户而言烦琐的网络语言抽象为便于客户直观理解、可度量的业务应用语言，作为系统的输入，然后由系统去达成客户意愿。意图引擎支持将简单的用户语言转化为复杂的网络模型，自动生成对各个领域服务的调用任务，完成复杂业务场景的部署分解。另外，从存量网络的特征中学习用户规则和习惯，用于将输入的意图转换成内置模型，并通过可靠的形式化验证手段进行验证，同时借助感知引擎的持续监控能力，保障意图的达成。

意图引擎是自动驾驶网络的中枢，是从L2自动化走向L3意图驱动的核心标志。基于业务意图，通过网络推荐算法和对现有网络资源规格、网络SLA及安全能力等方面的综合评估，实现可靠性最优、资源最优、安全性最优的网络设计方案推荐，提供IP地址推荐、网络资源位置推荐、安全方案推荐等智能推荐能力，实现一键式业务网络规划，并将业务意图转化为网络监控指标，持续保障网络连接或功能的SLA。

意图引擎由意图管理、意图决策以及工作流3部分组成，具体说明如下。

- 意图管理：以业务意图为核心，实现意图的全生命周期自动闭环管理。

- 意图决策：将不同业务场景对网络的诉求进行抽象，结合网络最佳路径、安全最优原则，通过智能推荐算法，实现最优网络设计推荐，并根据业务特点，为业务网络自动创建差异化、有针对性的网络保障服务。
- 工作流：基于业务设计器，根据业务需求，实现业务工作流的灵活定义，快速实现网络与企业用户的业务系统对接集成。

总而言之，意图引擎目的是实现基于用户意图的全生命周期管理，包含对网络的新建、扩容、应用上线、业务变更以及日常监控分析的意图管理能力。

以新建一个数据中心网络为例。用户首先在页面中输入新建数据中心的意图，此时进入意图引擎的意图采集阶段，意图引擎根据采集的用户意图信息进行意图分析、抽象计算，并通过智能推荐算法生成最优的网络配置方案，展示给用户。接下来，意图引擎将触发对当前方案的仿真评估，评估流量是否可达、配置是否有冲突等。评估完成后，意图引擎将输出详细的评估报告。用户可根据报告的提示对原方案进行修正并再次进行评估，方案评估无误后，可通知意图引擎进行正式的意图部署，此时意图引擎根据方案明细，分解内部工作流，调用各组件，自动完成网络部署。整个过程省时、省力，极大缩短了建网周期。在维护网络时，意图引擎可为重点业务创建保障任务，并将其下发给分析引擎。对网络中指定的某一项业务，该保障任务能定期监控其流量状态、丢包情况、KPI等，一旦发现异常，第一时间上报，同时可触发故障闭环流程，为业务保驾护航。

3. 自动化引擎

自动化引擎负责整体网络规划和业务发放。其中，网络规划是通过可拖动式编排实现网络模型的定义，并以低码化的方式实现网络模型到物理配置的映射，通过南向适配和北向开放自定义来降低网络规划的复杂性。业务发放是指基于网络模型，完成业务逻辑网络向网络配置的转换，并采用仿真技术进行执行前的意图校验，验证意图是否可以正常执行及是否具有负面影响。自动化引擎支持业务高效调度和高并发，满足网络业务急速发放的要求，同时还提供业务、租户和全网的多级回滚及对账能力。

4. 智能分析引擎

智能分析引擎在感知引擎的基础上，通过引入基于知识图谱的智能分析技术，进一步提升用户的体验。首先，智能分析引擎对网络进行抽象建模，把网络的抽象概念具体转化为一个个对象模型实例，比如设备、单板、端口、开放最短路径优先（Open Shortest Path First，OSPF）协议、边界网关协议（Border Gateway Protocol，BGP）、虚拟拓展局域网（Virtual eXtensible LAN，VXLAN）等。然后通过Telemetry技术采集网络中的KPI数据、业务流数据、配置数据、异常日志等，结合机器学习（Machine Learning，ML）算法，快速发现网络中的异常特征，并将异常特征关联到具体的对象模型上。最后，网络厂商可在内部投资建设故障演练的网络环境，持续构造实际业务中常出现的各种问题，并结合网络部署积累的专家经验，不断迭代发现故障模式，形成一个个知识，通过知识推理引擎，实现网络中的故障快速定位。

智能分析引擎建立了一整套故障发现、故障根因分析、故障影响推理、故障处理的统一框架。通过大数据技术构建海量设备数据的采集与分析能力，实时感知设备KPI、状态以及表项变化。智能分析引擎由健康度评估、异常检测和根因分析三部分组成。

- 健康度评估：对网络KPI、流量及状态等指标进行抽象建模，建立面向设备、网络、协议及业务的网络健康度评估体系，并根据性能、容量、状态、安全攻击及连通性等多个维度，综合、实时评估网络健康状态。
- 异常检测：基于网络健康评估，实现未发生的故障主动预测，快速感知已发生的网络异常和故障。

- 根因分析：基于知识图谱进行深度特征挖掘和学习，辅以故障排查和配置表项比对等手段，实现网络故障根因快速定位。定位根因后，分析故障影响并推荐优选处理方案。同时，可以根据网络流量等数据，提前识别和分析故障风险，进行主动优化，排除网络隐患。

在完成了智能分析之后，下一步就是辅助用户做出更好的决策，也是自动驾驶从人工决策到机器决策的关键点，包括如下4个关键能力。

- 云地协同框架：建立统一的网络知识模型和规范，实现数据和知识在云端与本地的流转，持续提升知识全面度和算法准确度。
- 可行性分析：多维关联评估树，识别备选决策预案，比如是采用专家经验还是数学求解等。
- 影响分析：构建多维评估体系，基于备选预案的操作方法和对象，使用网络演算的方式，分析预案操作对网络和业务的影响。
- 决策模型：使用决策模型，对备选恢复模式列表进行决策分析，推荐最优恢复模式。

目前，智能决策相关技术需要持续的发展与演进，这些技术也是L4自动驾驶的关键。智能引擎是自动驾驶网络方案架构中的AI平台化组件，提供应用识别、质差分析等多个AI通用算法学习能力。基于联邦学习技术，智能引擎可实现与其他AI平台联动，持续优化算法库。同时，智能引擎与设备嵌入式AI（Embedded Artificial Intelligence，EAI）组件协同，将训练后的算法推送给设备EAI组件，从而实现设备本地推理和业务体验优化。

意图网络完成外部对网络的诉求输入，网络数字孪生完成对网络可视化直观感知，而AI技术的引入进一步实现人工断点的消除。

5. 数字孪生引擎

基于Gartner提出的概念，数字孪生定义为物理对象的数字化表示，包括物理对象的模型、来自物理对象或与其相关的数据、与物理对象唯一的一对一模型实体、监控物理对象的能力。我们可以这样理解，数字孪生就是针对一个实体对象，创造出一个数字版的“克隆体”（也被称为“数字孪生体”）。

对网络而言，网络数字孪生是对实际企业网络在物理层、网络层、业务层进行全方位的数字化建模和仿真，实体网络的变化会实时投射到孪生网络中。客户可以通过对该数字化网络的认知，直接映射到对实际网络的认知中。数字化网络中可以直观呈现网络故障，客户可以感知具体的故障位置在什么地方，如在哪个机房、哪个设备、哪个端口；可以感知发生故障的具体原因，比如端口光模块接收异常。数字化网络可以查看到某条业务流的具体路径，包含设备路径，可以叠加查看流量的丢包统计、SLA健康状态等信息，客户可以感知实际业务的具体情况。总之，数字化网络使客户通过眼睛（即可视化）就能直观感知实际物理设备的运行状态、轨迹，以往摸不着的网络能够直观呈现出来并反映到客户大脑中，这就是数字孪生技术的基本应用。

表3-4描述了网络数字孪生包含的主要信息，为网络实现设计推荐、故障处理、资源性能优化等智能决策环节提供了一张高精网络数字地图。

表 3-4　网络数字孪生包含的主要信息

分类	详细信息
状态信息	故障、事件、异常、业务状态、协议状态等
静态信息	设备类型、容量、拓扑、配置等
动态信息	流量、表项、性能等
关联关系	对象模型、属性关联等

为解决网络运维难题，需要数字孪生引擎作为底座，提供数据基础设施。通过网络数据的高效接入、存储、加工处理、分析决策、访问和治理能力，打造360° 的网络孪生空间，支撑网络数据的多维可视。

基于网络数字孪生底座，华为自动驾驶网络构建了基于网络管理、控制和分析的一系列能力。在运维阶段，不仅可以看到业务端到端的流量走向，在发生故障时，还能下钻到故障设备的具体表项，基于时间轴的打点进行业务对比，快速查看变更历史。网络数字孪生在网络设计阶段发挥着更关键的作用。在网络变更时，数字孪生先为目标网络生成一个孪生网络实例，基于此孪生网络，用户可以随心所欲地设计自己想要的网络，例如调整流量模型和细节参数，随着设计方案的变动，用户可以实时看到数字孪生网络中流量的变化。当该设计方案有缺陷时，数字孪生网络可辅助用户发现设计缺陷，并协助用户修改问题。当配置下发后，如果发现业务异常，用户可以基于时间轴对指定业务进行配置回滚。

| 3.4　企业自动驾驶网络的信息架构 |

数据是企业网络数字化管控的基础。当前，数据与其配套的数据模型和算法同样重要。信息架构需要围绕数据进行清晰的定义设计，以便向上层提供标准统一的数据服务。信息架构在设计时，需要有大数据湖、数据模型、数字地图、数字技术这4个关键要素。

- 大数据湖：围绕所有网络设备和所有终端设备，需要对数据进行统一的接入、存储和治理。数据包括配置数据、拓扑数据、动态表项数据、运行KPI、流量数据等。
- 数据模型：需要围绕数据给出端到端的与厂商无关的模型，包括物理设备、物理网络、逻辑网络、终端用户、应用、安全等。
- 数字地图：围绕端到端的模型，需要构建一张网络数字地图，类似于网上地图引擎提供的位置服务，在这张地图上能够实现动态叠加网络状态信息，包括安全、终端、应用等。
- 数字技术：叠加到数据上会催生各种算法，例如孪生仿真、故障推理、预测评估、决策推荐等AI算法。

基于以上4个关键要素，企业自动驾驶网络的信息架构由数据资产目录、数据标准、数据模型以及模型设计原则组成。

1. 数据资产目录

前文的业务架构分析中按照规、建、维、优、营对业务领域进行了分类梳理。与之层级相对应，将规、建、维、优、营作为数据资产目录的主题域，各细分业务场景作为主题。基于此，我们进一步对各主题分别理清业务对象。

图3-5给出了“运维管理”主题域示例。

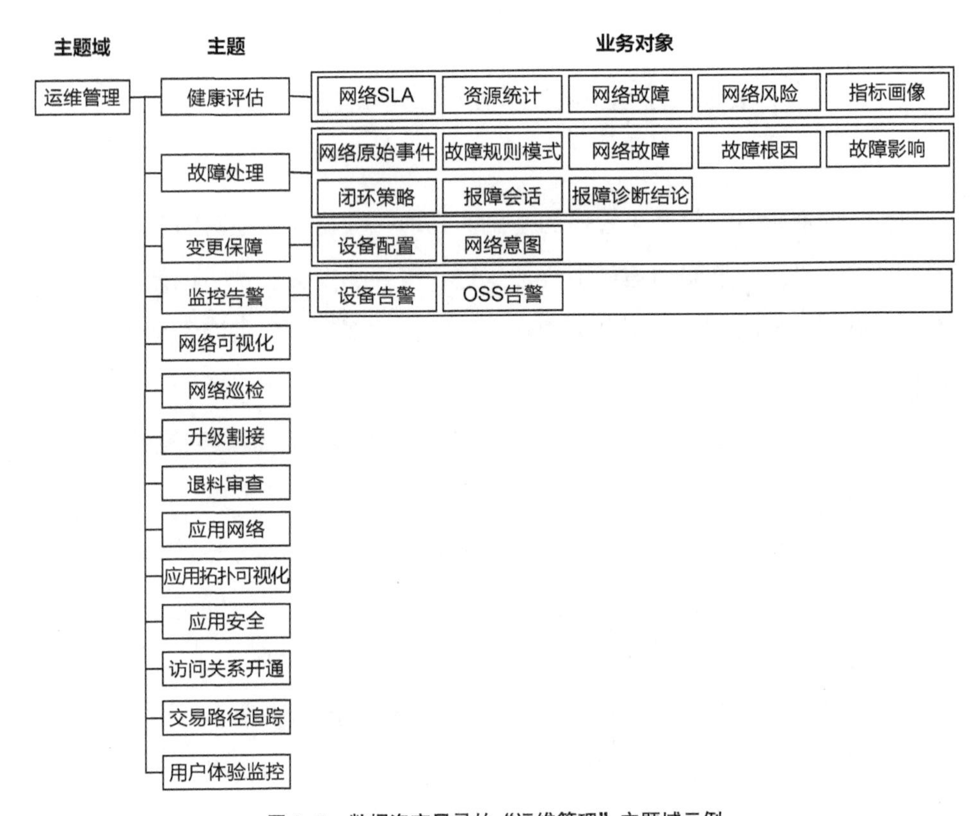

图 3-5 数据资产目录的“运维管理”主题域示例

2. 数据标准

数据标准用于统一对数据的理解和使用，是对数据的表达、格式的定义的一致约定，包含数据的业务属性、技术属性和管理属性等的统一定义。

图3-6给出了数据标准框架和规范示例。

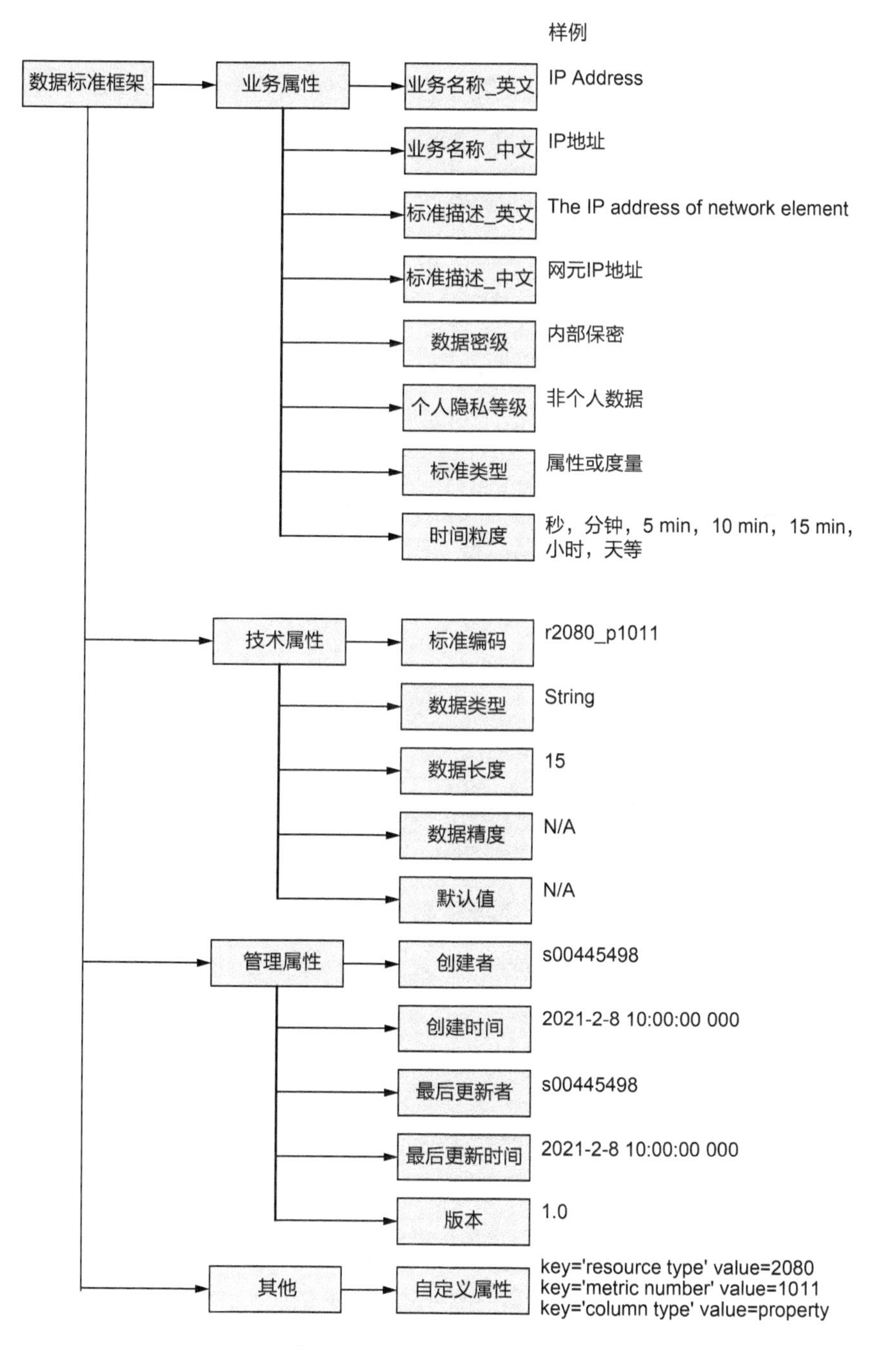

图 3–6　数据标准框架和规范示例

说明如下。

- 业务属性包含业务名称、标准描述、数据密级、个人隐私等级、标准类型和时间粒度。其中，个人隐私等级的设定是为了增强公司对信息资产的保护，保护个人数据免受不当访问、使用和披露，促进个人数据的规范使用，防范内部人员针对个人数据的不恰当操作，尽可能降低外部威胁对个人数据造成的风险。
- 技术属性包含标准编码、数据类型、数据长度、数据精度和默认值。
- 管理属性包含数据的创建者、创建时间、最后更新者、最后更新时间和版本。

3. 数据模型

数据模型是数据关系的一种映射，就是将业务之间的关系用模型图形化展示出来。

4. 模型设计原则

（1）原则1：高内聚和低耦合原则

确定逻辑和物理模型由哪些字段组成，应该遵循最基本的软件设计方法论中的高内聚和低耦合原则。主要从数据业务特性和访问特性两个角度来考虑：将业务相近或者相关的数据、粒度相同的数据设计为一个逻辑或者物理模型；将高概率同时访问的数据放一起，将低概率同时访问的数据分开存储。

（2）原则2：核心模型与扩展模型分离

核心模型包括的字段支持常用核心的业务，扩展模型包括的字段支持个性化或是少量应用的需要。必须让核心模型与扩展模型做关联时，不能让扩展字段过度侵入核心模型，以免破坏核心模型的架构简洁性与可维护性。

（3）原则3: 成本与性能平衡

适当的数据冗余可换取查询和更新性能，但不宜过度冗余。

说明：数据过度冗余会带来数据不一致的风险，造成资源过度浪费。

（4）原则4：命名清晰规范

命名需清晰、一致，易于下游的理解和使用。

（5）原则5：相同语义的字段在不同表中的字段名必须相同

以故障分析主题下的业务对象为例，建模给出数据标准框架和规范如图3-7所示。

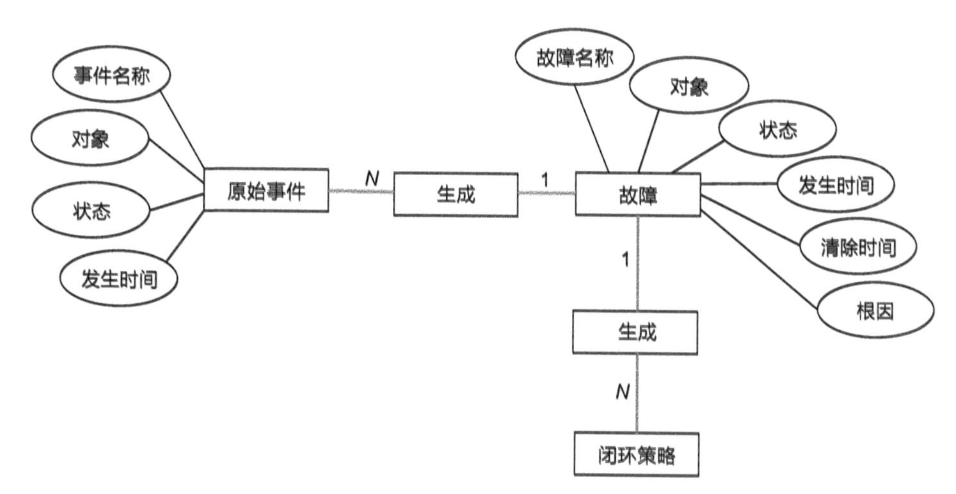

图 3-7 数据标准框架和规范示例

3.5 企业自动驾驶网络的技术架构

技术架构需要基于业务架构、信息架构和应用架构来推导设计，因为最终所有的数据和算法都会叠加到软件实现上，所以技术架构在不同层次的技术选型对整个架构的走向也起着决定性的作用。

如图3-8所示，企业自动驾驶网络的技术架构是由“监、管、控”加上“人工智能”和“网络数字地图”构成的。如果把网络类比作一个人，那么与“监”（监视）相关的技术相当于人的眼睛，可以观察、收集和分析企业网络自身以及网络所处环境的态势信息；与“管”（管理）相关的技术相当于人的大脑，根据眼睛获得的信息来进行思考和决策；与“控”（控制）相关的技术相当于人的手，根据大脑下发的指令去执行对应的操作；“人工智能”则可以理解为人的记忆和丰富的网络技术经验；而“网络数字地图”是“监、管、控”和人工智能的数字底座，将物理世界映射为数字世界，助力自动驾驶网络为企业进行IT运维运营。

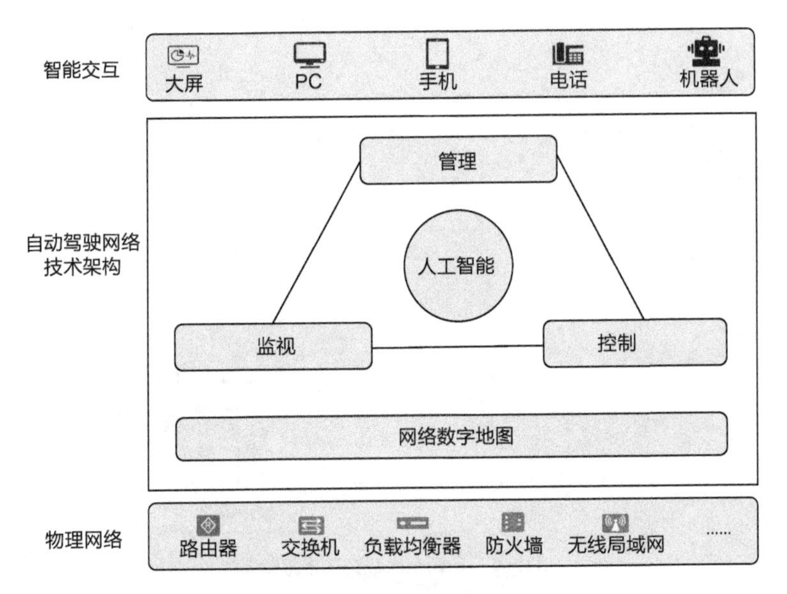

图 3-8　自动驾驶网络技术架构

第4章 剖析企业自动驾驶网络的关键技术

网络自诞生之日起经过了多次技术迭代，导致这种迭代出现的主要因素是业务和应用的变化与调整。自动驾驶网络作为数字化转型时代的网络架构代表，利用各种新兴技术，实现了AI使能的网络自动化和智能化。本章围绕企业自动驾驶网络“监、管、控”的技术架构，详细介绍其中涉及的关键技术。

4.1 与“监”相关的技术

网络拓扑长什么样？配置有哪些？网元状态如何？承载了哪些流量？SLA表现如何？感知技术，首先需要解决的问题是如何全面地了解网络自身以及网络所处环境的态势信息，这是一切系统或人进行决策的基础。

随着企业自动驾驶网络进程的演进，系统中会植入越来越多的AI和机器学习技术来实现高度自动化与智能化的能力。AI算法不同于传统的算法，它是通过大量的数据来拟合出模型的，这称为训练。然后将新的数据作为输入送入模型，从而得到结果，这称为推理。可以说“数据”是AI应用中最重要的因素。随着各类网络AI应用对精度、实时性、规模的要求不断提高，其对数据的需求也在不断提高。而采集数据的爆炸式增长，又对采集性能带来了挑战。因此，如何既能满足所采信息的全面性、精确性，又能兼顾实时性，减少采集器开销，尽可能节省采集带宽，这是感知技术所要解决的另一个问题。

4.1.1 NETCONF/YANG

1. 背景介绍

网络配置（Network Configuration，NETCONF）协议是一种基于可扩展标记语言（eXtensible Markup Language，XML）的网络管理协议，提供了一套可编程的网络设备管理机制。用户可以使用这套机制增加、删除、修改网络设备配置，同时可以获取网络设备的配置和状态信息。相比传统的配置管理机制，如CLI和简单网络管理协议（Simple Network Management Protocol，SNMP），NETCONF在灵活性、可靠性、扩展性和安全性等几个方面都更有优势，更能满足SDN场景的需求。

（1）CLI

CLI是一种人机接口，网络设备系统提供了一系列命令，用户通过CLI输入指令，然后系统对输入的指令进行解析，从而实现人对网络设备的配置和管理。由于各设备厂商定义的CLI模型不统一，且CLI缺少结构化的错误提示和输出结果，管理员需要针对不同设备厂商分别开发适配的CLI脚本和网关工具，网络管理和维护十分复杂。

（2）SNMP

SNMP是一种机机接口，由一组网络管理的标准（应用层协议、数据库模型和一组数据对象）组成，用于监控和管理连接到网络上的设备。SNMP是目前TCP（Transmission Control Protocol，传输控制协议）/IP网络中使用最为广泛的网络管理协议。SNMP采用用户数据报协议（User Datagram Protocol，UDP），该协议不是面向配置的协议，通常缺乏安全性和有效的配置事务提交机制，所以多用于性能监控。

2002年互联网架构委员会（Internet Architecture Board，IAB）在一次网络管理专题工作会议上总结了当时网络管理存在的问题，并对新一代网络管理协议提出了14项诉求，包括易用、区分配置数据和状态数据、面向业务和网络进行管理、支持配置数据的导入导出、支持配置的一致性检查、标准化的数据模型、支持多种配置集、支持基于角色的访问控制等。这次会议的纪要最终形成了RFC 3535，之后出现的NETCONF正是基于这14项诉求设计的。IETF在2003年5月成立了NETCONF工作组，旨在提出全新的基于XML的网络配置协议。该组织于2006年发布了NETCONF 1.0，此后又陆续补充了通知机制，并与新一代建模语言（Yet Another Next Generation，YANG）模型结合，确定访问控制标准，最终形成现在的NETCONF。

2. NETCONF

NETCONF采用客户端（Client）和服务器（Server）的网络架构，Client与Server间使用远程过程调用（Remote Procedure Call，RPC）通信机制，消息采用XML编码，支持业界成熟的安全传输协议，而且允许设备厂商扩展私有功能。

NETCONF的基本网络架构如图4-1所示，整套系统必须包含至少一个网络管理系统（Network Management System，NMS）作为整个网络的网管中心，NMS运行在NMS服务器上，对设备进行管理。

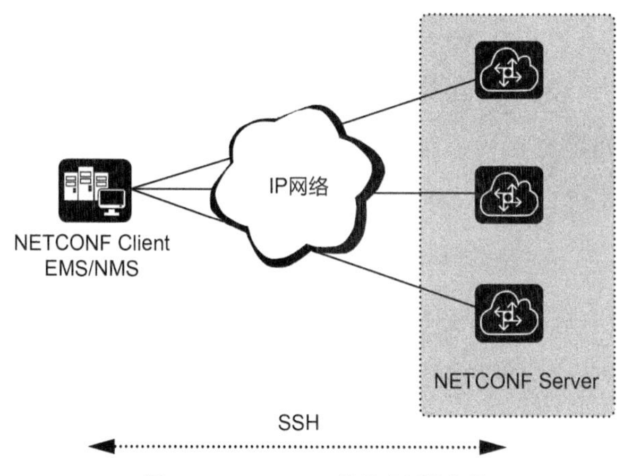

图 4-1　NETCONF 的基本网络架构

下面介绍网络管理系统中的主要元素。

NETCONF Client：Client利用NETCONF对网络设备进行系统管理。

• Client向Server发送<rpc>请求，查询或修改一个或多个具体的参数值。

• Client可以接收Server发送的告警和事件，以获知被管理的设备的当前状态。

NETCONF Server：Server用于维护被管理设备的信息数据，响应Client的请求，并向发送请求的Client汇报管理数据。

• Server收到Client的请求后会进行数据解析，并在配置管理框架的帮助下处理请求，然后向Client返回响应。

• 当设备发生故障或其他事件时，Server利用Notification机制通知Client设备的告警和事件，向网管报告设备的当前状态变化。

NETCONF会话是Client与Server之间的逻辑连接，网络设备必须至少支持一个NETCONF会话。Client从运行的Server上获取的信息包括配置数据和状态数据。

• Client可以修改配置数据，并通过操作配置数据，使Server的状态迁移到用户期望的状态。

• Client不能修改状态数据，状态数据主要是Server的运行状态和统计信息。

NETCONF Client和Server之间使用RPC机制通信时，交互消息均采用XML编码。基于XML网络管理主要是利用其本身强大的数据表示能力，使管理信息成为计算机可以理解的数据库，提高计算机对网络管理数据的处理能力，从而提高网络管理能力。例如，XML编码格式文件头为<?xml version="1.0" encoding="UTF-8"?>，说明如下。

• <?：表示一条指令的开始。

• xml：表示此文件是XML文件。

• version：NETCONF版本号，"1.0"表示使用XML 1.0标准版本。

• encoding：字符集编码格式，当前仅支持UTF-8编码。

• ?>：表示一条指令的结束。

3. YANG

YANG是一种将NETCONF数据模型化的语言。一个YANG模型定义一个数据的层次结构，可用于基于NETCONF的操作，包括配置、状态数据、远程过程调用和通知。这允许对NETCONF Client和Server之间发送的所有数据有一个完整的描述。

YANG将数据的层次结构模型化为一棵树，树中每个节点都有名称，要么有一个值，要么有一个子节点集。YANG给节点提供了清晰简明的描述，同样提供了这些节点间的交互。

YANG将数据模型构建为模块和子模块，一个模块可以从其他外部模块引入数据。层次结构可以被扩展，允许一个模块定义于另一个模块中的层次结构中。添加数据节点这个增扩可以是条件性的，仅当特定条件被满足时才有新节点出现。

YANG定义了一个内置类型集，并有一个类型机制，通过该机制可以定义附加类型。衍生类型可以限制其有效值的基本类型集，使用了类似range或pattern的约束条件机制，这些约束条件可由Client和Server执行。

YANG允许重用节点组（grouping）。这些组的实例化可以将节点精炼或扩展，这可将节点裁剪到符合特定的需求。衍生类型和组可在一个模块或子模块中定义，并用于所在模块，或用于另一个引入/包含该模块的模块或子模块中。

YANG数据层次结构包含列表的定义，其中列表条目由关键字识别，关键字将列表条目区分开来。这样的列表可定义为由用户排序，也可定义为由系统自动排序。对用户排序的列表定义了操作列表条目顺序的操作。

YANG模块可转换为等价的XML语法，称为YIN（YANG Independent Notation），允许应用使用XML解析器和可扩展样式表语言转换（eXtensible Stylesheet Language Transformations，XSLT）脚本在模型上操作。从YANG到YIN的转换是无损的，因此YIN的内容可以回滚到 YANG。

YANG是一种可扩展的语言，允许扩展的声明由标准组织、厂商和私人定义。声明的语法允许这些扩展与标准YANG声明同时以一种自然的方式存在，同时YANG模块中的扩展足够突出，使得大家能够注意到。

通过结合YANG模型，可实现基于模型驱动的网络管理，并以可编程的方式实现网络配置的自动化，从而简化网络运维、加速业务部署。除此之外，NETCONF还支持提交配置事务和配置导入导出，支持部署前测试、配置回滚、配置的自由切换等。

4.1.2 Telemetry

1. 背景介绍

企业网络的运维通常面临如下挑战。

- 超大规模：管理的设备数目众多，监控的信息数量非常庞大。
- 快速定位：在复杂的网络中，要能够快速地定位故障，达到秒级甚至亚秒级的故障定位速度。
- 精细监控：监控的数据类型繁多，且监控粒度要求更细，以便完整、准确地反映网络状况，从而预估可能发生的故障，并为网络优化提供有力的数据依据。网络运维不仅需要监控接口上的流量统计信息、每条流上的丢包情况、CPU和内存占用情况，还需要监控每条流的时延抖动、每个报文在传输路径上的时延、每台设备上的缓冲区占用情况等。

传统的网络监控手段（SNMP、CLI、日志）已无法满足网络需求。

- SNMP和CLI主要采用拉模式获取数据，即发送请求来获取设备上的数据，限制了可以监控的网络设备数量，且无法快速获取数据。
- SNMP Trap和日志虽然采用推模式获取数据，即设备主动将数据上报给监控设备，但仅上报事件和告警，监控的数据内容极其有限，无法准确地反映网络状况。

Telemetry是一项监控设备性能和故障的远程数据采集技术。它采用推模式及时获取丰富的监控数据，可以实现网络故障的快速定位，从而解决上述网络运维问题。如表4-1所示，传统的SNMP Trap和Syslog采用的也是推模式，但其推送的数据范围有限，仅限告警或者事件，对类似接口流量等的监控数据无法采集上送。

表 4-1　Telemetry 与传统网络监控方式的对比

对比项	工作模式	精度	是否结构化
Telemetry	推模式	亚秒级	YANG 模型定义结构
SNMP Get	拉模式	分钟级	管理信息库（Management Information Base，MIB）定义结构
SNMP Trap	推模式	秒级	MIB 定义结构
CLI	拉模式	分钟级	非结构化
Syslog	推模式	秒级	非结构化

2. 工作原理

Telemetry是一个闭环的自动化运维系统，分为对象存储服务侧和设备侧，一般由网络设备、采集器、分析器和控制器等部件组成，如图4-2所示。

- 对象存储服务侧：由采集器、分析器、控制器组成，进行数据的收集、存储、应用分析及控制。
- 设备侧：由网络设备组成，按照编码格式对采样的数据进行编码，并且使用传输协议进行数据传输。

其中，网络设备、采集器、分析器、控制器既可以使用第三方的系统，也可以使用华为的系统。

Telemetry业务处理过程中，需要对象存储服务侧和设备侧协同运作，一共包含如下5步操作（见图4-2中的①～⑤）。

第一步，配置订阅：订阅数据源，完成数据采集。

- 静态订阅：通过CLI配置订阅数据源，完成数据采集。Telemetry静态订阅往往用于粗粒度的数据采集。

• 动态订阅：通过CLI配置谷歌远程过程调用协议（Google Remote Procedure Call Protocol，GRPC）服务等相关配置后，由采集器下发动态配置到设备，完成数据采集。

第二步，推送采样数据：网络设备依据控制器的配置要求，将采集完成的数据上报给采集器进行接收和存储。

第三步，读取数据：分析器读取采集器存储的采样数据。

第四步，分析数据：分析器分析读取到的采样数据，并将分析结果发给控制器，以便控制器对网络进行配置管理，及时调优网络。

第五步，调整网络参数：控制器将网络需要调整的配置下发给网络设备，下发生效后，新的采样数据又会被上报到采集器。此时Telemetry 对象存储服务侧可以分析调优后的网络效果是否符合预期，直到调优完成后，整个业务流程形成闭环。

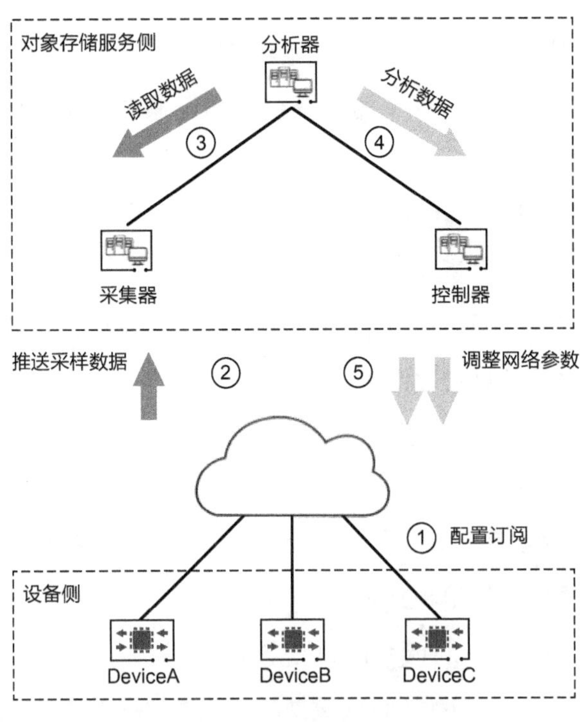

图 4-2　Telemetry 原理

4.1.3 IFIT

1. 背景介绍

传统的网络运维方法逐渐满足不了业务高可靠性的要求，突出问题表现如下。

（1）业务故障被动感知

运维人员通常只能根据收到的用户投诉或周边业务部门派发的工单判断故障范围。在该情况下，运维人员故障感知延后、故障处理被动，导致其面临的排障压力大，最终可能造成不好的用户体验。

（2）定界定位效率低下

故障定界定位通常需要多团队协同，团队间缺乏明确的定界机制会导致定责不清。人工逐台设备排障，找到故障设备进行重启或倒换的方法，排障效率低下。此外，传统的网络操作、管理和维护（Operation，Administration and Maintenance，OAM）技术通过测试报文，间接模拟业务流，无法真实复现性能劣化和故障场景。

为了快速感知网络状态，实现高效、可靠、智能化运维的目标，我们会借助网络性能测量技术。网络性能测量是网络管控的基础手段和数据来源，按照测量方式的不同，可以将其分为主动性能测量、被动性能测量和混合性能测量，如表4-2所示。

表 4-2　常见的网络性能测量技术

技术分类	技术说明	技术举例
主动性能测量	通过在网络中注入主动探测报文，并对探测报文进行测量，从而推测出网络的性能	例如双向主动测量协议（Two Way Active Measurement Protocol，TWAMP）
被动性能测量	通过直接监测业务数据流本身实现网络性能测量，不需要发送额外的主动探测报文，也不需要改动业务报文	例如 IP 流量信息输出（IP Flow Information Export，IPFIX）协议，通过定义的数据输出格式，将 IP 数据流统计信息从输出器传送到采集器

续表

技术分类	技术说明	技术举例
混合性能测量	结合主动性能测量和被动性能测量，通过改动业务报文中的某些字段，实现网络性能测量而不用向网络中引入额外的探测报文	例如 IP 流量性能监控（IP Flow Performance Measurement，IPFPM）协议，通过对数据包进行染色来实现对真实数据流的直接监测。由于混合性能测量方法未引入额外的主动测量报文，其性能测量的准确度与被动性能测量相当

随着AI技术的发展，智能化已成为网络发展的方向，网络可感、可知是实现网络智能化的前提。表4-2中列举的TWAMP、IPFIX 等技术都属于传统网络性能测量技术，已满足不了当下高精度、实时监控的运维要求，需要一种新型的测量技术带动未来网络和业务的发展，随流信息检测（In-situ Flow Information Telemetry，IFIT）技术应运而生。

IFIT是一种主动与被动混合的数据面Telemetry技术。它既不同于需要构造新检测报文的主动OAM测量方法，也有异于仅观察用户数据报文的被动OAM测量方法，通过直接将流质量测量信息编辑封装在用户数据报文中，实现在每个数据报文粒度上的流质量可视，提升检测的准确度。IFIT的优点可以总结为以下几点。

- 可测量得到真实的用户流量。
- 可实现逐报文的监控。
- 可获知更多的数据面信息。
- 可获知报文在网络转发中所经过的路径，包括设备和出入接口。
- 可获知报文在每一个网络设备的转发过程中命中的规则。
- 可获知报文在每一个网络设备中缓存所消耗的时间（纳秒级）。
- 可获知报文在排队过程中和哪些其他的流同时竞争队列。

因此，IFIT技术能提供比传统测量技术精度更高的流质量可视和实时的网络故障告警（如抖动、时延、丢包、误码和负载不均衡）能力。

2. IFIT报文头结构

在介绍IFIT测量技术原理之前，先熟悉一下IFIT报文头的结构，如图4-3所示（这里以基于IPv6的段路由场景为例）。IFIT报文头封装在段路由扩展头（Segment Routing Header，SRH）中。在该场景中，IFIT报文头只会被指定的SRv6 Endpoint节点（接收并处理SRv6报文的任何节点）解析。运维人员只需在指定的、具备IFIT数据收集能力的节点上进行IFIT，从而有效地兼容传统网络。

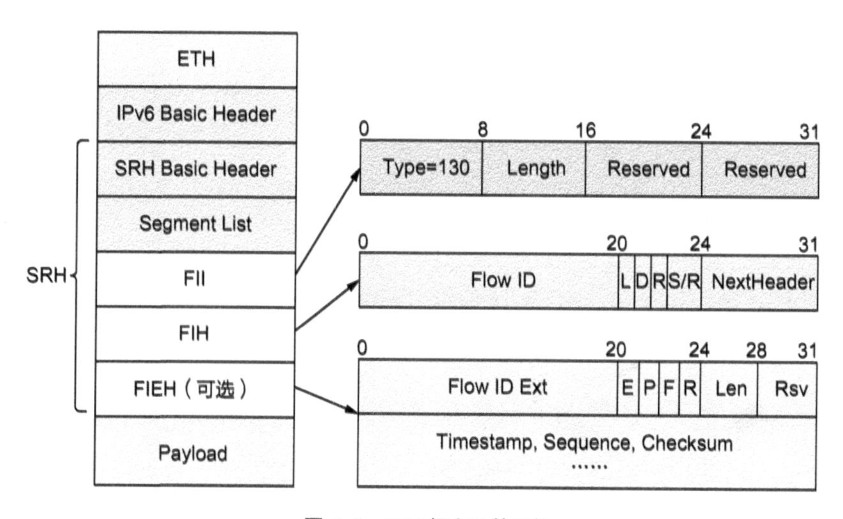

图 4-3　IFIT 报文头的结构

IFIT报文头主要包含以下内容。

- FII，即Flow Instruction Indicator，流指令标识：FII标识IFIT报文头的开端，并定义IFIT报文头的整体长度。
- FIH，即Flow Instruction Header，流指令头：FIH可以唯一地标识一条业务流，L字段和D字段提供了对报文进行基于交替染色的丢包和时延统计能力。
- FIEH，即Flow Instruction Extension Header，流指令扩展头：FIEH能够通过E字段定义端到端或逐跳的统计模式，通过F字段控制对业务流进行单向或双向检测。此外，还可以支持如逐包检测、乱序检测等扩展能力。

3. 基于交替染色法的IFIT指标

丢包率和时延是网络质量的两个重要指标。丢包率是指在转发过程中丢失的数据包数量占所发送数据包数量的比率，设备通过丢包统计功能，可以统计某个测量周期内进入网络与离开网络的报文差。时延则是指数据包从网络的一端传送到另一端所需要的时间，设备通过时延统计功能可以对业务报文进行抽样，记录业务报文在网络中的实际转发时间，从而计算得出指定的业务流在网络中的传输时延。

IFIT的丢包统计和时延统计功能通过对业务报文的交替染色来实现。所谓染色，就是对报文进行特征标记，IFIT通过将丢包染色位L和时延染色位D置0或置1来实现对特征字段的标记。如图4-4所示，业务报文从PE1进入网络，报文数记为P_i；从PE2离开网络，报文数记为P_e。通过IFIT可对该网络进行丢包统计和时延统计。

这里以染色位置1的一个统计周期（T_2）为例，从PE1到PE2方向的IFIT丢包统计过程描述如下。

- t_0时刻：PE1对入口业务报文的染色位置1，计数器开始计算本统计周期内接收到的染色位置1的业务报文数。
- t_1时刻：经过网络转发和网络时延，在网络中设备时钟同步的基础上，当PE2出口接收到本统计周期内第一个带有Flow ID的业务报文并触发生成统计实例后，计数器开始计算本统计周期内接收到的染色位置1的业务报文数。
- t_2/t_3时刻：为了避免网络延迟和报文乱序导致统计结果不准，在本统计周期的x（范围是1/3 ~ 2/3）时间处，PE1/PE2读取上个统计周期+截至目前本统计周期（对应上图的$T_1+x\times T_2$）内染色位置0的报文计数后，将计数器中的该计数清空，同时将统计结果上报给控制器。
- t_4/t_5时刻：PE1入口处及PE2出口处对本统计周期内染色位置1的业务报文计数结束。

- t_6/t_7时刻：PE1/PE2上计数器统计的染色位置1的报文数分别为P_i和P_e（计数原则与t_2/t_3时刻相同）。

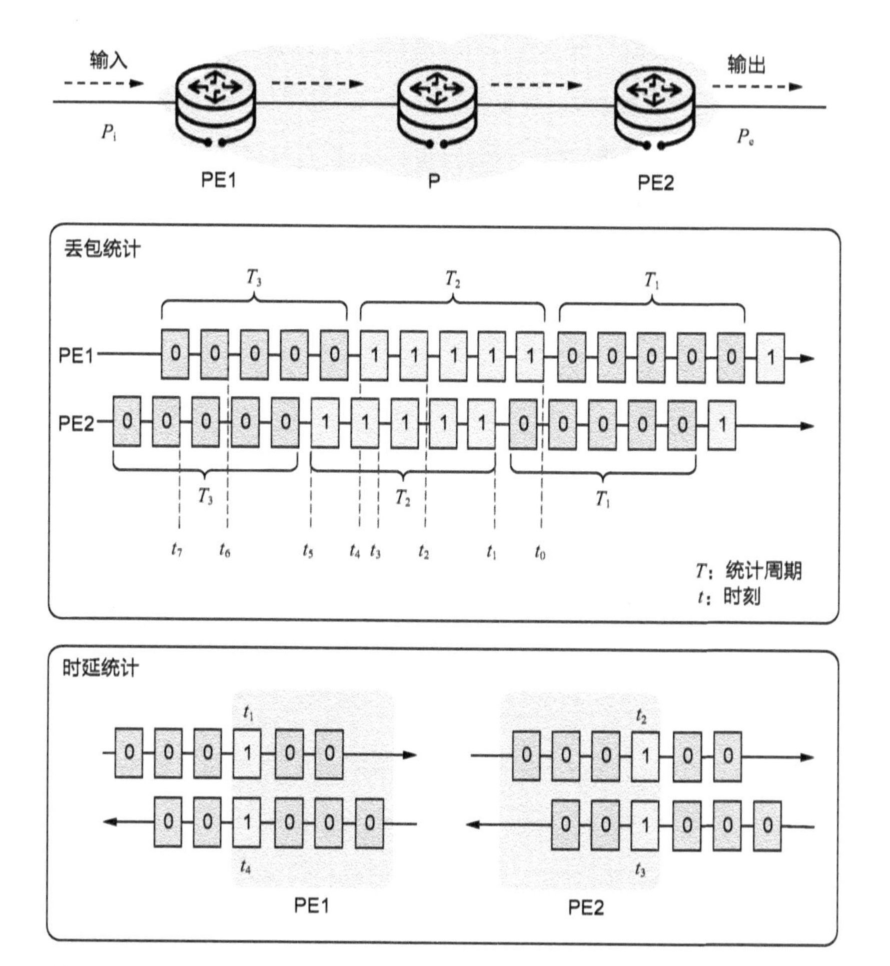

注：PE即Provider Edge，运营商边缘（设备）。

图 4-4　基于交替染色法的 IFIT 指标

据此可以计算出：丢包数=P_i-P_e；丢包率=$(P_i-P_e)/P_i$。

PE1和PE2间的IFIT时延统计过程描述如下。

- t_0时刻：PE1对入口业务报文的染色位置1，计数器记录报文发送时间戳t_0。
- t_1时刻：经过网络转发及延迟后，PE2出口接收到本统计周期内第一个染色位置1的业务报文，计数器记录报文接收时间戳t_1。

- t_2时刻：PE2对入口业务报文的染色位置1，计数器记录报文发送时间戳t_2。
- t_3时刻：经过网络转发及延迟后，PE1出口接收到本统计周期内第一个染色位置1的回程报文，计数器记录报文接收时间戳t_3。

据此可以计算出：PE1至PE2的单向时延=t_2-t_1，同理，PE2至PE1的单向时延=t_4-t_3，双向时延=$(t_2-t_1)+(t_4-t_3)$。

通过对真实业务报文的直接染色，辅以部署1588v2等时钟同步协议，IFIT可以主动感知网络的细微变化，真实反映网络的丢包和时延情况。

4.1.4 智能采集压缩

随着网络规模的不断扩大，网络设备种类不断增加，针对网络自身以及网络所处环境观察和收集到的态势信息是非常庞大的。这些数据在上送过程中不仅会占用大量网络带宽，还需要平台提供大量存储资源来存储。因此，数据在网络设备上必须先进行压缩处理。

目前，业界主流的数据压缩方式主要分为有损压缩和无损压缩。

有损压缩一般需要结合最终数据的使用场景，把不重要的数据去除，仅保留重要的数据特征，因此解压过程无法完全还原。

对数据进行特征提取实际上就是一个简单的有损压缩过程。例如当数据用来进行周期分析、预测时，可以计算数据的移动均值、波动性特征（如方差）；而对于原始数据，仅需要按周期进行采样，最终需要上送的数据为移动均值、方差、采样数据等。经过这样的处理，在保留了数据重要特征的同时，大幅减少了数据量。又例如，当进行性能监控时，可以设定多个阈值，对于超过某阈值的数据，加大数据采样频率，对于低于某阈值的数据，降低采样频率，这样做也可以大幅减少数据量。

无损压缩一般根据数据本身的时间相关性和空间相关性，使用较短的数据来编码较长的数据，解压过程可以完全还原。

无损压缩可以进一步分为结构化压缩和通用压缩。结构化压缩一般是针对结构化的时序数据，采用差分、异或等方式，仅保留数据的算数差值或者逻辑差值，从而达到减少数据量的目的。通用压缩，比如我们经常使用的ZIP、RAR数据压缩方式，任何类型的数据都可以使用这类算法进行压缩。但在实际场景中，一般会使用CPU占用率较小的压缩算法，如Lempel Zip（LZ4）、Zstandard（ZSTD）等。

4.1.5　拓扑还原

随着企业分支不断增加，网络结构（如网络的异构性、设备的虚拟性等）变得越来越复杂。如何对网络进行有效、可靠的管理，已经成为关系网络系统能否正常运行的关键，而基于物理层（或数据链路层）的网络拓扑还原和呈现又是网络管理的基础。

网络拓扑，主要描述了网络中各个节点及其连线关系，反映了网络中各实体的结构关系，方便业务部署和故障排查。网络拓扑可以分为逻辑拓扑（网络层）与物理拓扑（数据链路层）两种，逻辑拓扑是指发现路由器间及路由器和各个子网间的连接关系，物理拓扑是指发现管理域内交换机与主机及路由器等设备间的实际连接关系。

在自动驾驶网络解决方案里，网络拓扑还原技术是基础能力。实现网络拓扑还原的后台方法有3种，分别是基于链路层发现协议（Link Layer Discovery Protocol，LLDP）实现拓扑还原、对接资管系统实现拓扑还原以及基于拓扑还原算法实现拓扑还原。

1. 基于LLDP实现拓扑还原

LLDP包括丰富的拓扑信息，诸如哪些设备有哪些接口、哪些交换机与其他设备相互连接等，同时包括客户端、交换机、路由器和应用服务器以及网络设备之间的物理链路关系。

LLDP的基本原理是对于支持该协议的网络设备，可以向其邻接设备发出状态信息通知，并且所有设备的每个接口上都存储着自己的信息。如果本地设备状态发生变化，可以向直连的邻接设备发送更新后的信息，邻接设备会将信息存储在标准的SNMP MIB中。

基于LLDP实现拓扑还原的前提条件就是网络中的所有设备要开启LLDP能力。如图4-5所示，通过向各网元请求LLDP，获取远端系统MIB和本地系统MIB信息，然后通过端口编号关联对应的本地系统MIB记录和本地系统MIB记录，生成一条链路。

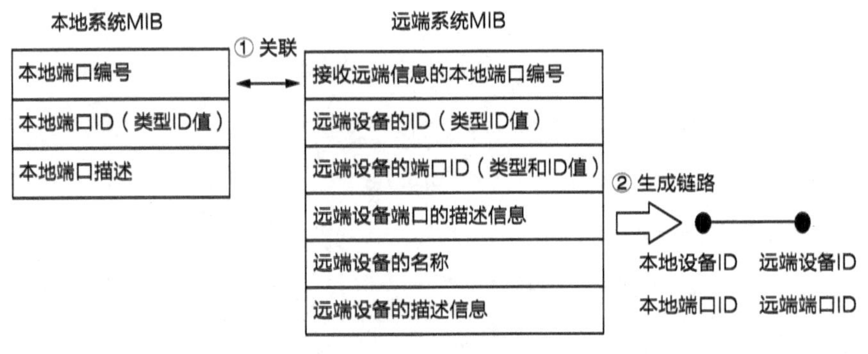

图 4-5　拓扑还原过程

2. 对接资管系统实现拓扑还原

对接资管系统实现拓扑还原，是指通过人工操作或机机接口操作，自动与企业用户资管系统对接，获取基础数据，高效、便捷、可靠。网络在不断调整的过程中，往往会有新用户入网，经过一段时间后，用户位置和网络拓扑数据可能会出现很大变化。借助人工定期维护，一方面工作量大、易出错；另一方面存在延迟的问题。因此，自动对接资管系统是更优的选择。

通常不同企业用户的资管系统存在较大差异，部分企业用户的资管数据准确度不高，为了更好地实现业务目标，资管对接方案需要具备以下两个功能。

第一，资管对接框架。引入资管系统对接框架，实现无码化对接。不需要为不同项目的不同资管系统定制开发版本，能实现不同资管系统的快速对接。虽然不同企业用户的资管系统的提供商不同，数据录入和导出格式不一致，但基本的数据内容大同小异，从系统对接的角度看，主要的对接工作量体现在接口适配上。因此，要求资管对接框架提供方便的用户操作界面，支持一线服务人员在项目交付时，通过简单的交互报文参数映射配置，实现接口适配，从而避免版本定制。

第二，异常数据溯源。分析结果异常时，具备资管数据准确度校验能力，识别错误的资管数据，帮助运营商资管系统运维人员提升数据准确度。控制器和资管系统对接时，不建议在资管系统数据的基础上，通过人工在本地修改资管系统的错误数据，因为人工在本地修改，将会带来控制器和资管系统数据同步难的问题。

控制器虽然不需要保证资管系统的数据准确性，但当分析数据异常时，要能够识别出是否因资管数据错误而导致，并汇总识别出的资管错误，便于控制器运维人员推动资管运维人员提升资管数据的准确度。控制器判断资管数据异常的方法多样，例如，通过体验看板特性，识别出质差端口/链路，若端口/链路的所有KPI都正常，可以初步判断资管数据疑似异常。选取该端口/链路中部分质差用户，查询端口的转发表，如果没有发现质差用户的转发信息，可断定该链路的拓扑信息错误，或者该用户的位置信息错误。

3. 基于拓扑还原算法实现拓扑还原

网络拓扑还原算法的任务就是发现被管网络中的子网、路由器、交换机等网络设备以及它们之间的连接关系。

当子网内的某一机器向别的子网发送数据时，数据包首先到达本子网的默认路由器。默认路由器检测数据包中的目的地址，根据其路由表确定该目的地址是否在与自己相连的子网中。如果在，则把数据包直接发往目的地，否则转发给路由表中规定的下一个路由器。下一个路由器再进行类似处理，依此类推，数据包将最终到达目的地。可见，通过分析路由器上的路由表，就可以知道三层网络的拓扑结构。

对于子网内二层网络拓扑还原，业界也已取得了一些研究成果。尤里·布赖特巴特（Yuri Breitbart）等人提出了在异构网络中探测交换机间互连关系的理论和算法。该算法设定域内每个交换机端口的地址转发表是完整的，即每个交换机的地址转发表中都要包含域内其他交换机的介质访问控制（Medium Access Control，MAC）层地址。算法的核心是分属两个交换机的一对端口相连，当且仅当这两个端口的地址转发条目集合的交集为空，且其并集中包含了该子网中所有交换机的地址条目。这种算法的主要缺点在于要求设备地址转发表是完整的，但在大规模网络中实现地址转发表的完整性将严重降低算法效率。布鲁斯·洛韦坎普（Bruce Lowecamp）等人在前者的理论基础上做了进一步研究，降低了对地址转发表完整性的要求。

4.2 与"管"相关的技术

有报告显示，2020年全球物联网设备基数已增长到惊人的307亿台，每秒会有6300万台新设备连接到网络中；企业花费在网络运营上的成本已达到网络本身的3倍；网络安全方面，发现一个漏洞需要近6个月的时间。由此可见，随着时间的推移，面对海量的联网设备接入和快速变化的业务、应用及安全需求，传统的网络管理模式已经难有招架之力。

2017年Gartner发表了一项研究报告，提出"基于意图的网络（Intent-Based Networking，IBN）系统"，部署该系统可以减少50%～90%的网络基础设施交付时间，同时还能减少至少50%的宕机发生次数和时长，提高网络的可用性与敏捷性，也为网络管理提供了新范式，是企业进行数字化转型的关键。

4.2.1　意图网络

1. 背景介绍

什么是意图（Intent）？简单来说，意图可以被定义为人们期望从网络中获得的收益，例如，“我希望部署开通一项新业务”或者“明天上午10:00—12:00有一个重要的会议需要网络保障”。

基于意图的网络，又称为意图驱动网络，本质是围绕用户的意图，借助AI和大数据技术，通过触发式地、交互式地、主动式地自动覆盖企业网络全生命周期中数以千计的网络设计、策略配置和调整操作，所有这些都可以通过意图来表示。通过将用户意图转换为网络系统可理解、可配置、可度量、可优化的对象及属性，实现网络设计和运维操作。

简单地说，意图驱动的网络就是一个保证网络能自动在由意图对象表述出来的意图中实现状态闭环的系统。那么传统网络和意图驱动的网络有什么区别？

（1）传统网络

传统网络大都采用将管理请求从较高的抽象级别分解为低级管理操作的概念。因为大部分网络管理操作是命令式的，必须由训练有素的工程师在每台网络设备上，按描述所需行动的次序来使网络达到意图实现的状态。通常该工作过程是CLI操作、自动化脚本等“大杂烩操作”，复杂且易出错。

（2）意图驱动网络

意图驱动网络提供了一种陈述式的网络操作范例，意图实现网络状态是被陈述出来的。随着AI和ML的技术注入，基于意图的系统可以随时间自动化学习、训练、判断和操作。可以将意图驱动系统类比成无人驾驶汽车，你只需输入目的地，汽车会根据运行参数、可能的交通状况以及油料消耗等因素，规划最佳路线并最终到达终点。

（3）意图驱动网络与SDN的关系

SDN和IBN都采用“自顶向下”的网络系统设计思路，从本质看，SDN

技术更偏好技术型用户，而IBN面向最终用户，更多是瞄准用户意图或商业目标，强调网络运维和架构人员的意图。随着AI与大数据技术的广泛应用，人们对整个网络的体验要求也在提高。着眼于满足用户的最终业务诉求，是IBN的优势所在。在满足用户愈来愈多的需求方面，IBN固然优势显著，但如果脱离SDN提供的网络开放性基础，效果可能并不理想。SDN可以理解成一种全新的网络构建思想，IBN则是一种新的构建和操作网络的方式，两者之间存在许多共同点，例如都强调软件的重要性等。IBN若在SDN的基础上演进，二者将相互促进，提升用户体验，加快落地速度。

尽管基于意图的网络概念很有吸引力，但仍然面临着以下诸多技术挑战。

第一，如何让管理系统理解用户意图。

这需要借助意图API进行识别、翻译和转换。如何让基于意图的系统与用户交互，以使系统完善定义意图，更好地阐明业务需求？如何告知系统所植入的意图可能产生的影响？这些都给意图接口的定义带来了诸多挑战。换句话说，即网络界面应该提供何种工具，使用户能够与系统进行交互和协商，以成功定义真正的目标。显然，除了传统的命令界面或请求模式，意图定义可以采用非常规的界面，比如以人机对话的方式。

第二，如何让管理系统自动呈现意图。

如何让管理系统呈现意图，即如何将意图转换为低级网络配置、规则和操作。为了应对这一挑战，需要设计能够将所需意图结果映射到特定设备指令的自主管理系统，并且，在涉及的网络节点之间进行协调，以正确实现意图结果。在这种情况下，AI和ML技术可能是一种有价值的工具，可以自动学习和完善智能算法，以调整网络配置，并采取正确的执行动作，以不断实现人们所追求的意图结果。

第三，如何进行配置验证、下发，同时进行智能化运维。

一旦实现了意图，就需要维护。为了确保满足服务要求和服务水平目标，需要持续地监控网络和服务性能，这意味着管理系统需要动态调整资源分配和网络配置。

2. 意图网络的架构

意图驱动网络是保证网络能自动在由意图对象表述出的意图中实现状态闭环的系统，主要包含如下3个模块空间，意图驱动网络流程如图4-6所示。

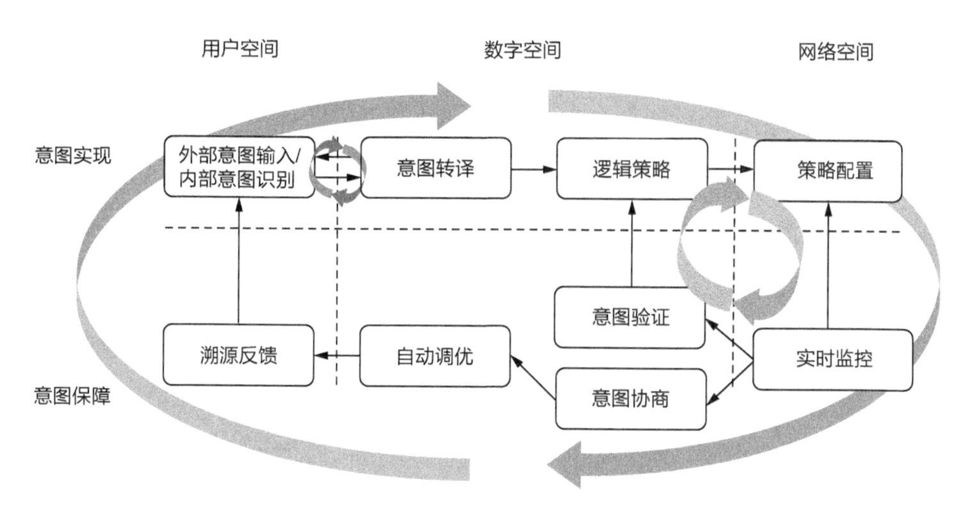

图 4-6　意图驱动网络流程

- 用户空间：也称为意图空间，允许用户声明意图，并允许用户评估意图执行的结果是否符合原始用户意图，形成一个闭环系统。
- 数字空间：也称为策略空间，桥接用户空间和网络空间，包含意图转译、意图验证、自动调优等关键步骤。主要功能是将意图转译成一系列网络配置策略（例如修改ACL、更新应用特定的协议等），并进行验证，及时采取措施，纠正错误。
- 网络空间：在该空间内，将各类物理/虚拟网元按照功能的维度进行解耦，形成独立功能模块。若网络配置策略经过验证，则会被下发到网络空间中，然后系统会对网络态势进行实时监控。

可见，意图驱动的理念贯穿了网络规划、建设、维护、优化、运营全生命周期，这也使得网络具有以下优势。

- 敏捷：将详细的网络配置抽象为用户面向业务和网络的意图，这有助于大幅加快对网络的管控和提升灵活性。

- 一致：意图的转换过程不依赖人工的翻译，每次实现意图，结果一致性有可靠的保障。
- 高效：减少从设计、部署到故障排除所花费的时间，显著提升运营效率，并降低运营支出。

业务需求直面技术的架构方式无疑是对网络领域的一大变革，甚至可能影响未来10年甚至30年的网络发展走向。过去，人们将管理请求从抽象级别分解为具象级别的管理操作。举个例子，比如我们将用户服务请求分解为服务订单的供应系统或者基于策略的管理系统，操作时需要操作员指定一些以“规则”为条件的策略，其中“规则”是指在某种情况下采取的某种操作。换言之，每种情况下，网络管理员都需要提前指定要用的规则或映射的步骤，效率低下且烦琐。

现在，人们通过意图直接指定所需的结果，无须指定达成目标所需的一组特定步骤，也无须说明在某种情况下应采取何种操作。随着AI和ML相关技术的注入，基于意图的系统可以随时间自动化学习、训练、判断和操作。同时，用户的意图指定可以采用非常规的界面，不一定采用传统的命令界面或请求模式，而是允许人机对话。这就使得基于意图的网络与之前的其他技术有着显著差异。

当前用户意图自定义的难点如下。

（1）要求“技能树”复杂

以控制器开发为例，开发人员需要熟悉设备YANG模型、NETCONF，具备扎实的Java编程基础，才能实现通用网元驱动的开发，后续的业务开发更是需要熟悉数据通信各类协议和厂商配置的专业人员。

（2）厂商异构

不同厂商的设备YANG模型不一致，有的增值业务（Value-Added Service，VAS）设备甚至没有YANG接口，只有rest接口和CLI。

（3）需求变化快，运维平台却迭代缓慢

懂代码的人不懂业务，懂业务的人忙于应付工单，即使狠下心构筑了一些运维自动化特性，随着业务部门快速的需求调整，这些运维自动化特性又很快会存在于新的自动化断裂点，需要依靠人工处置。

自定义意图的典型应用场景如下。

- 自定义业务发放：用户新上线一个业务网段（IP地址:x.x.x.x），需要负载均衡，以网段域名向互联网发布。业务发放场景如图4-7所示。

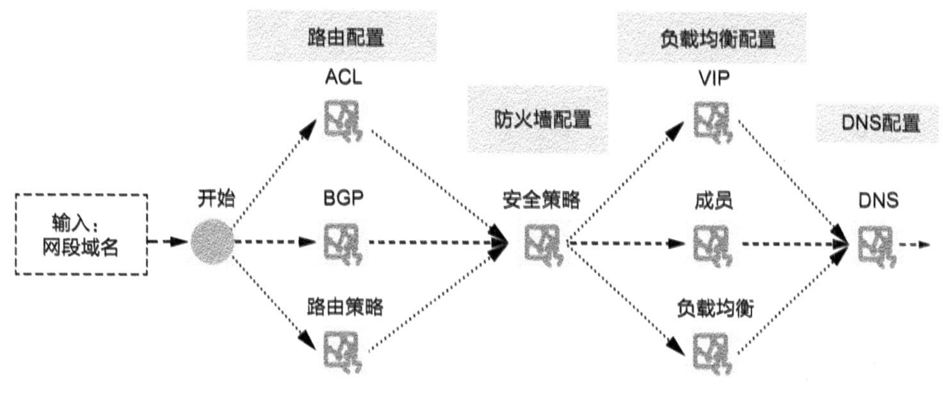

图 4-7　业务发放场景

- 自定义故障修复：用户针对典型的故障场景、设备类型，自定义修复手段和告警关联。故障修复场景如图4-8所示。

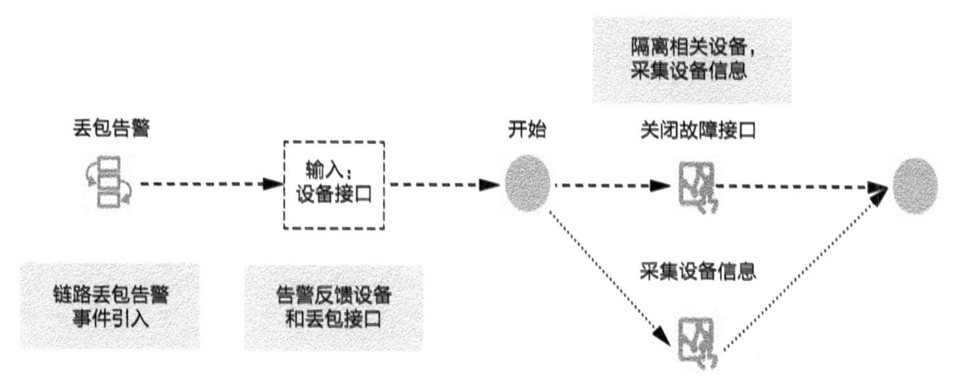

图 4-8　故障修复场景

- 自定义变更流程：用户在进行重大业务变更（设备替换、设备升级等）前，预定义变更流程。变更流程场景如图4-9所示。

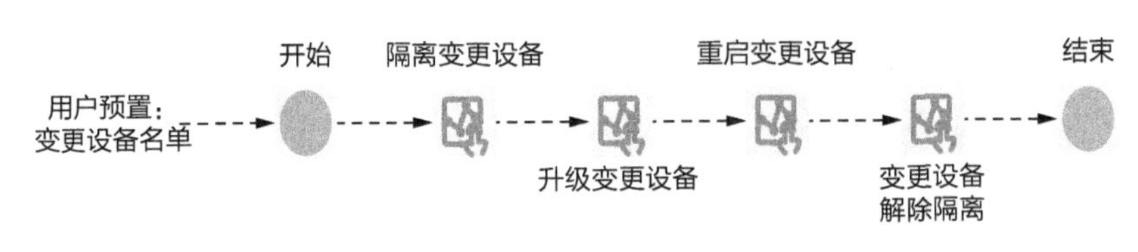

图 4-9　变更流程场景

4.2.2　意图引擎

如何实现意图驱动的智能网络？我们定义了一个“意图引擎”，它使用底层网络提供的接口对业务进行编排，以达成用户的意图。

“意图引擎”是接收用户业务意图或请求后，能将意图或请求自动转化为网络资源配置，并在网络资源状态变化时，能够持续保持用户业务意图的系统。简单来说，它使用底层网络提供的接口对业务进行编排以达成用户的意图，从而实现意图驱动的网络。

意图引擎架构如图4-10所示。意图引擎支持将简单的用户语言转化为复杂的网络模型和语言，自动生成对各个领域服务的调用计划，完成对复杂工作任务的部署分解。例如，在跨多个网络域的专线业务发放场景下，每个网络域使用的管道技术（如L3VPN或PWE3）不同，用户只需要指定源宿站点的物理位置、带宽要求，意图引擎即可自动选择最优的网络路径、最合理的网络资源、规定的管道技术、合适的QoS模板来完成业务发放，提高网络的开通效率。

以数据中心网络的流量均衡场景为例，首先定义叶子节点流量均衡的业务意图。根据业务意图自动创建监控任务，下发到智能分析模块。智能分析模块实时采集和分析域内每个叶子节点的流量等KPI统计信息。当某些叶子节点流量持续上升超过阈值时，上报Event到决策模块。决策模块将根据业务初始意图进行决策，将超过阈值的叶子节点的部分虚机迁移到空闲叶子节点下。在通过仿真验证之后，自动下发业务和网络配置，持续实现叶子节点流量均衡。

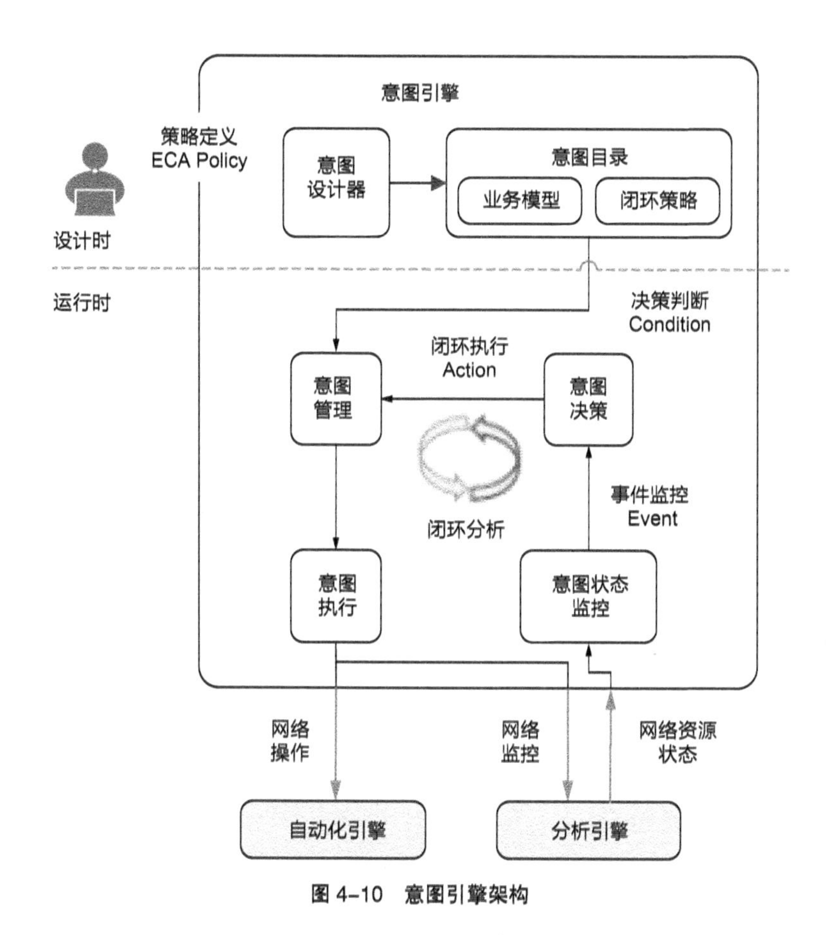

图 4-10　意图引擎架构

基于意图的网络自治，本质上要求自始至终对意图进行保障和修复，即持续进行业务发放。通过基于意图的自动化闭环，实现业务全生命周期的自治管理，它有以下几个关键功能。

（1）意图的自动闭环

用户可预先定义场景化任务的预期状态（比如业务的SLA等），以及偏离目标状态时的纠偏措施、实施策略。当系统检测到状态和目标状态不一致时，可自动触发预定动作（如重新算路、调整带宽等），将网络/业务维持在用户期望的状态上，实现网络的自治运维。

（2）意图推荐

主要包含意图识别能力和最佳网络方案智能推荐能力。意图识别在初期采用模板方式，由用户根据需要灵活调整参数。为了满足不同用户的需求，允许用户自定义或根据已有意图组装新的意图模板，还提供开放可编程能力由用户或上层系统调用。随着新技术的引入和应用，意图识别与转换能力会越来越强。

（3）意图还原

在网络升级场景，往往面临的是已经部署并正在运行的网络，即存量网络。对于存量网络，如希望能获得意图驱动带来的收益，则需要根据网络配置还原出网络的业务意图。意图还原操作作为业务发放的逆向过程，可分为以下几个步骤来实现。

- 发现：采集存量网络的配置，尽可能避免用户的干预。
- 分组：将网络配置聚合成业务，基于业务相似性，通过算法对发现的业务进行分类。
- 还原：对分类后的业务进行模型转换，推导出意图模型。

4.3 与“控”相关的技术

随着网络业务越来越复杂，企业数字化转型势在必行，网络自动化控制能力是其中的关键支柱。然而，在传统的“人+流程”网络管理模式下，企业面临着如下痛点。

第一，多厂商设备管理难。厂商设备多元化是企业避免被锁定的长期战略，但单一厂商控制器只能管理自己的网络设备，与运行支撑系统集成没有统一的接口标准。若新增一款设备，适配效率取决于厂商的能力和响应速度，这制约了端到端网络业务自动化开通的演进，也成为公认的行业瓶颈。

第二，新业务上线慢。可能的原因很多，其中之一便是新业务上线采取的是传统开发和运维分离的方式，网络部署需要大量人工处理。如果业务周期短，需要等待两周，周期长，则需要等待一两个月，这显然不能满足新时代的要求。

第三，网络设备适配、网络割接工作需要人工执行海量命令行脚本，易出错。随着脚本规模的增加，其可维护性也持续下降，这使得网络运维逐渐成为一种高风险职业。

显然，这种基于单一厂商配置和基线化的网络管控理念已无法满足企业日益多样化的运维诉求，面向多厂商的、具有开放和可编程能力的网络呼之欲出。企业需要部署一套开放的可编程平台，以应对此困境。该平台需以模型驱动为基础，提供端到端开放可编程能力，如设备驱动可编程、网络业务可编程，能自动生成丰富的北向API，实现多厂商设备快速适配、新业务快速上线，为网络自动化奠定基础。

4.3.1　网络仿真

由意图生成的网络，在下发到物理网络之前，理论上是一个数字网络。而物理网络当前已存在运行的网络数据，这就构成了一个网络变更的场景，需要用到网络仿真演算能力，其核心就是基于数字网络的建模、仿真和验证算法。

网络仿真演算技术的本质，首先是通过对网络配置层面、资源层面和转发层面的建模，形成一张和现网行为无限接近的虚拟网络。然后，在这张虚拟网络上，通过一系列的数学方法，快速验证网络是否能够提供可承诺的SLA，包括连通性、隔离性、必经路径、转发黑洞、策略一致性、时延丢包。

网络仿真的关键价值在于验证，包括在线配置仿真验证、离线配置仿真验证和事后验收。实际的验证过程是以现网配置、拓扑和资源信息作为输入，通过网络建模和形式化验证算法，基于现网仿真判断剩余网络资源是否充足，呈现详细的连通性互访关系，数字化模拟用户重大意图的执行，验证意图的预期效果，分析和评估变更对原有业务的影响，并持续验证原始业务意图是否已经被满足，进而保障客户的网络可靠性。

网络仿真的关键应用场景如下。

- 端到端意图设计过程中的方案提前验证，确保业务部署后，网络不会因为新的意图影响存量业务运行的稳定性。

- 意图部署之后，验收和保障意图在网络中的部署及实时运行情况，确保真实业务流在出现转发异常之前，就可以发现多意图叠加的情况下网络可能发生的异常。
- 支持单域、多域和混合云等端到端场景的虚拟网络验证，同时可以与生产网络解耦，实现离线的网络验证保障，即网络演算可以独立于生产网络部署。

4.3.2 开放可编程

1. 关键能力

面对网络运维的严峻挑战，开放可编程系统以YANG模型驱动为基础，提供了端到端的开放可编程能力。涉及的主要能力如下。

（1）设备能力开放

设备能力开放指用户可以通过定制和加载设备YANG模型开发网元层的功能、新纳管设备、定制设备功能，使能设备能力的开放。

（2）业务能力开放

业务能力开放指用户通过定制和加载业务YANG模型、业务逻辑，自定义网络业务功能应用，比如L3VPN Service Model（IETF定义的业务北向模型）等。跨多个设备进行网络业务编排的业务，业务配置会被并行部署到多台设备上。

（3）北向能力开放

北向能力开放指系统的设备或者业务YANG模型自动生成北向RESTCONF、CLI和Web UI，快速对接北向人机和机机接口。

2. 开放可编程架构

开放可编程架构由设计态和运行态两部分组成，如图4-11所示。其中，设计态主要用于建立业务YANG模型和设备YANG模型之间的映射关系，运行态则利用在设计态建立的映射关系，完成设备的管理和业务的发放。

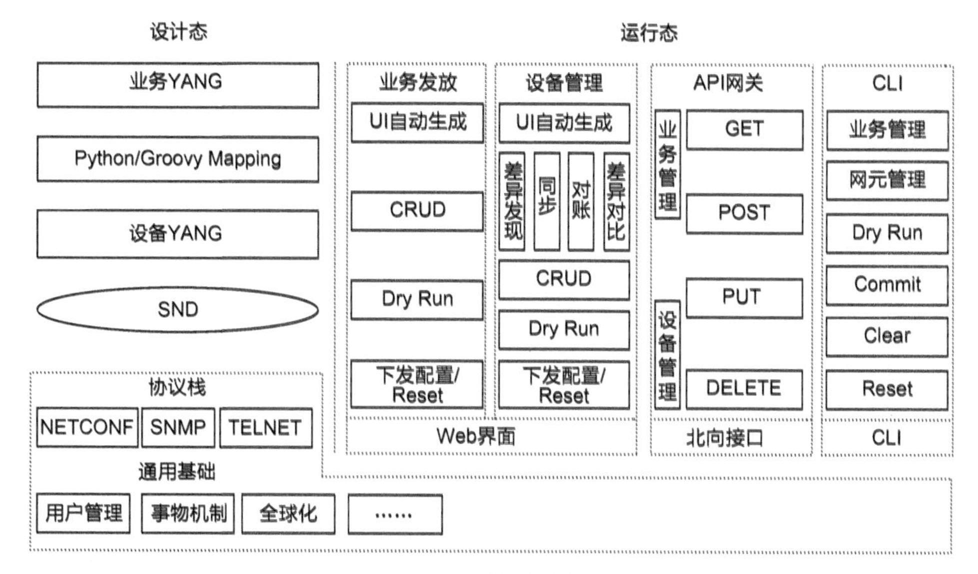

图 4-11　开放可编程架构

开放可编程系统基于用户定义的业务YANG模型和设备YANG模型，自动生成业务管理界面、设备管理界面、北向接口以及集成在Web界面上的CLI，用户可以通过这些界面和能力完成设备的管理及业务的发放。

- 业务管理是根据业务YANG模型自动生成业务创建界面，配合其与设备YANG模型之间的映射关系，实现业务的增、删、改、查操作。
- 设备管理是根据设备YANG模型自动生成网元管理界面，实现差异对比、数据同步、配置对账等网元资源的增、删、改、查操作。
- 北向接口是根据业务YANG模型和设备YANG模型自动生成北向RESTCONF接口，配合两个模型间的映射关系，实现业务和网元资源的增、删、改、查操作。
- CLI是根据业务YANG模型和设备YANG模型自动生成互操作界面，配合两个模型间的映射关系，实现业务和网元资源的增、删、改、查操作。

运行态提供试运行（Dry Run）能力，帮助用户提前预览当前操作的结果以及相关设备配置的修改情况。

开放可编程框架目前支持两层映射逻辑。

- 从业务模型映射到设备模型，业务包处理逻辑。
- 从设备模型映射到协议报文，网元驱动包（Specific NE Driver，SND）处理逻辑。

业务映射如图4-12所示，从上往下的逻辑如下。

- 业务模型自动生成北向接口或者配置界面。
- 用户通过业务模型提供的接口下发配置请求。
- 业务包处理包括两部分：Python代码处理，该部分处理与厂商无关的业务逻辑，比如一个隧道创建请求，通用业务逻辑包括计算隧道的路径逻辑；Template代码处理，该部分处理厂商相关的逻辑，这里的模板就是给设备模型下发的数据，不同厂商设备有不同的模板。
- 驱动包处理主要是将设备模型转换为协议报文，如果是NETCONF设备，系统会自动把模型数据转换成NETCONF协议报文。

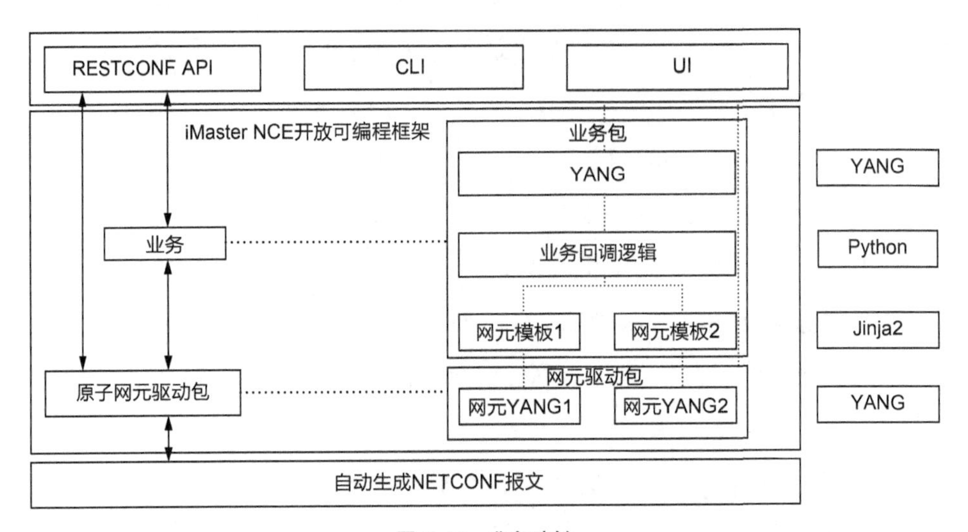

图 4-12 业务映射

4.3.3 自动化编排

网络在日常进行操作管理时，需要多个步骤串联或并联来完成某项管理任务。为了实现端到端整个流程的自动化，需要一个流程编排引擎的应用系统，该引擎具备工作流编排、执行和控制能力，同时还支持对流程的状态、数据进行记录和管理。流程引擎可以解析、执行、调度由用户创建的流程任务（有向有环图），提供如暂停、撤销、跳过、重试和重入等灵活的控制能力和并行子流程等进阶特性，并可通过水平扩展来进一步提升任务的并发处理能力。

流程是指为了达成某个目标而进行的一系列相互关联、有组织的活动或任务，而流程引擎是指能够驱动流程推进的系统。流程引擎具有如下的核心编排能力。

（1）定义流程的描述规则

流程的描述数据中主要记录了流程的开始和结束节点、活动节点、网关、连接节点的顺序流以及流程的上下文数据。由于记录的信息较多，所以流程数据比较冗长，但在实际使用中并不需要手动构造这些数据，可以通过引擎提供的builder，以代码的形式声明并生成流程数据。

（2）流程解析、执行、调度的能力

在拥有前文所描述的流程数据后，就可以通过引擎提供的 API 来执行和调度该流程。在引擎默认提供的运行时中，流程执行请求提交后，流程会以异步的方式被拉起和执行，引擎会对正在执行的多个流程进行协调和调度，开发者可通过 API 来查询流程的执行状态和数据。

（3）灵活的流程控制能力

- 流程内控制：通过网关（分支网关、并行网关及条件并行网关）和打回（构造环状结构），在流程内部自动控制流程的推进。
- 流程外控制：通过引擎API在系统外部主动干预和控制流程的执行，引擎提供的控制能力有暂停、继续、撤销流程或者预约暂停、继续、重试、跳过、强制失败、回调流程内部节点。

（4）流程活动定义和扩展的能力

在实际使用中，除了能够自由编排流程的结构，我们还需要自定义流程节点执行逻辑的能力，bamboo-engine 提供了流程活动节点逻辑自定义框架，允许我们按照如图4-13所示的模式来自定义流程节点的执行逻辑。

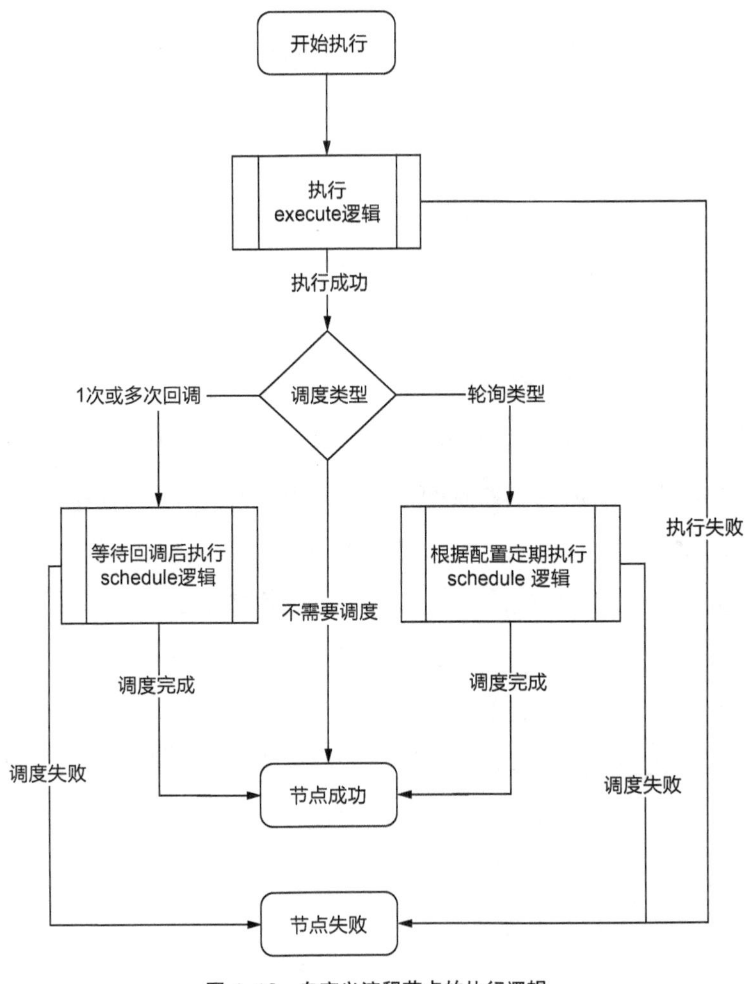

图 4-13　自定义流程节点的执行逻辑

（5）提供流程内部数据交换的模型和能力

支持以下两种数据模型。

- 执行数据：每个节点都拥有一个执行数据，用于存储该节点的输入和输出。
- 流程上下文：每个流程/子流程都拥有一个流程上下文，负责处理流程执行时的数据交换。

在整个流程执行的过程中，节点之间并不是完全孤立的，某些时候，节点之间需要进行通信，由于在一个流程中，每个节点之间的数据是相互隔离的，无法在节点内直接访问其他节点的执行数据，这时候就需要借助上下文来进行数据交换。

4.3.4 可信变更

伴随着网络验证领域技术近十年的快速发展，数据面验证（Data Plane Verification，DPV）算法与控制面验证（Control Plane Verification，CPV）算法成为支撑该领域的两类关键核心技术。数据面领域最早可以追溯至2011年的Anteater工具，它采用形式化方法（Formal Method）对网络数据面进行建模验证。而控制面领域可以追溯至2009年的C-BGP工具，它提出使用模拟（Emulation）的方式，致力于还原BGP的行为，从而对网络中的流量转发进行验证。下面以CPV为例，进行详细描述。

1. CPV工具评价标准

通常在学术界，衡量一个控制面验证工具的好坏是以性能为关键指标的。换言之，网络意图验证的速度要求或者网络配置校验的速度快慢，几乎成为学术界内每篇CPV论文都会关注的指标，而这实际上产生了比较负面的影响。近年来，CPV工具越来越看重性能指标，以至于忽略了该工具实际的应用能力，部分CPV工具应用的场景非常狭隘，几乎无法商用。

那么从商业应用的角度出发，一个CPV工具是否能够真实地实现商业价值并为企业带来效益？我们必须从以下5个维度来客观地评价。

（1）准确度

一个CPV工具必须在任何组网环境下保证验证算法的准确性。如果算法给出了错误的结果，那么管理员下发配置后可能产生灾难性的后果，因此每个CPV工具都应该致力于在验证能力范围内达成100%验证的准确度，也就是说给出的结果务必准确。

（2）时间开销

CPV工具在保证准确度的同时，也应该尽可能地减少验证的时间开销，这是学术界目前最关注的指标之一。

（3）组网规模的可拓展性

一个CPV工具可以在20个网元的组网中验证得又快又准，那如果是在200个网元、2000个网元的组网中验证呢？是否还能保证准确性与性能？优秀的CPV工具应该对组网规模具备良好的适应能力，这是从商业价值角度最关注的指标之一。

（4）协议泛化性

CPV工具支持的协议通常是有限的。例如有些只能支持BGP，而有些支持IGP+BGP+MPLS等复杂场景。优秀的CPV应该尽可能地支持更多业界常用的协议与复杂的配置命令和场景。

（5）可验证的网络意图范围

有些CPV工具只能验证真实路径，而有些CPV工具则可以验证路由振荡、环路、黑洞等。更加广泛的范围意味着更能满足客户不同验证意图的需要。

2. CPV领域的发展

CPV领域最早起源于由比利时天主教鲁汶大学的研究团队2009年在IEEE Network上发表的文章“Modeling the Routing of an Autonomous System with C-BGP”。作者提出了一种工具C-BGP，能够对网络中配置的BGP行为与路由进行仿真，从而模拟生成真实的BGP路由表，进一步指导对流量的验证。C-BGP采用了模拟的思想，致力于1：1地还原BGP行为并且生成真实的BGP路由表。在验证环节中，C-BGP依然需要大量的人为介入，并且只能够支持单源宿之间的验证。这与传统的使用ping或traceroute的网络纠错方式没有区别，几乎无法支持大规模的意图验证。C-BGP使用了最质朴的思想，但是在业界并没有取得良好的反响。同时，随着Anteater以及Veriflow等一系列DPV

工具的出现，网络验证领域的大部分研究人员将目光集中在了DPV算法上，在后续的5年时间里，CPV领域的发展几乎陷入停滞。

直到2015年，UCLA、USC以及微软研究团队在NSDI（Symposium on Networked Systems Design and Implementation，网络系统设计与实现专题研讨会）上发表了“A General Approach Network Configuration Analysis”一文，让CPV领域重新回归人们的视野。文章提出了一种采用推理型数据库（LogiQL）对网络控制面进行抽象建模，并利用LogiQL的推理能力，仿真生成使用一阶逻辑表达式表示的数据面建模方法，并进一步通过可满足性模理论（Satisfiability Modulo Theories，SMT）对网络意图进行验证。

2016年是CPV领域较为活跃的一年，“Bagpipe: Verified BGP Configuration Checking”是由华盛顿大学的研究团队提出的CPV工具，其中包含的Bagpipe工具采用了形式化验证的思想，致力于对网络中一个自治系统（Autonomous System，AS）内部的BGP路由策略意图进行验证，而非网络流量转发。Bagpipe提出了一种表示BGP配置的语义（Semantic）的方法，具备一定的创新性，但是在可验证的网络意图范围与协议泛化性上，仅能够针对BGP的相关路由策略配置意图进行验证。

“Fast Control Plane Analysis Using an Abstract Representation”是由美国威斯康星大学与微软的研究团队发表在SIGCOMM'16上的文章，文章提出了使用图模型对网络配置面进行建模的工具ARC。ARC可以将网络验证意图转换为图属性，使用图算法（如深度优先搜索、门格尔定理等）对图属性进行验证，从而达到对网络意图进行间接性验证的目的。相比于仿真（Simulation）的方式，ARC的性能非常高，但是对协议的支持却并不完整（例如BGP路由仅支持AS-PATH属性等），而这也是ARC无法直接应用于业界的主要原因之一。但整体而言，ARC所提出的使用图模型对网络配置面进行仿真验证的思路，是自然的、新颖的，这篇文章也是CPV领域第一篇使用图模型对网络控制面进行建模的文章，可以说ARC是CPV领域一次伟大的尝试。

2017年诞生了使用“形式化方法+图”对网络控制面进行建模的MineSweeper。它是由美国普林斯顿大学、微软研究院以及Intentionet等研究人员共同发表的。MineSweeper能够检测出网络中存在的路由振荡等不确定性问题。由于采用了形式化验证的方法，它也没有逃脱组网规模的可拓展性的魔咒。MineSweeper在200多个网元的组网上进行验证的时间长达4小时，巨大的时间开销与低下的组网规模拓展性几乎让人无法接受，即使MineSweeper在小规模网络上验证性能较高。

以上是当前业界CPV领域的发展简述，除了这些聚焦于对网络意图进行验证的CPV工具以外，还有诸如RCC、Selfstarter等针对配置进行静态检查的工具，在本书中不再花费过多篇幅描述。但有一点需要特别关注，就是“预验证能力”是CPV工具最基本、最重要的能力。它指的是在生成真实转发表项之前，针对一种网络状态（给定拓扑与链路Up/Down状态）与配置信息，对网络意图或者流量真实路径进行预测与求解的能力。*K*-failure Tolerance验证能力则是在“预验证能力”上衍生出的更为高阶的能力，指的是在网络中存在少于*K*条故障链路时，对是否违反网络的意图或者流量的真实路径进行预测。对*K*-failure Tolerance的求解能够帮助网络管理员分析在网络出现任意链路故障的场景下网络行为的变化，从而更好地设计主备链路/设备，以实现对网络的维护。

在学术界，能够对*K*-failure问题进行快速验证与求解的工具有限，包括市面上已有的早期CPV工具，都无法对*K*-failure问题进行快速验证，只能“暴力”遍历求解，性能极其低下。因此，华为采用“Simulation+Graph”的思想，于2020年推出了轻量级、高性能的CPV验证工具。相比于业界已有的CPV工具，华为自研工具具备支持大规模业务流真实路径求解、大规模组网*K*-failure问题验证、面向工业应用等特点，且能够在超大规模组网（百万级配置命令）下实现秒级流量转发真实路径的求解。

| 4.4　人工智能 |

在大部分场景中，仅仅依靠网络原始数据，不足以支撑判断决策，需要深度加工提炼出更高抽象层次的信息。例如，为了发现并隔离开放网络中的非法私接终端，系统需要根据终端类型和行为判断其是否非法，此时要用到终端识别和行为分析技术。为了及时发现企业关键应用的质量劣化，并及时做出响应，系统需要获知应用的类型，并能对用户体验的优劣进行判定。

自动驾驶网络管控系统与原有网管、控制器等的区别在于它是为被动执行的工具提供决策方案的闭环系统。智能决策能力就是智慧大脑，其最典型的应用场景是对故障根因进行定位和闭环修复，突破人工经验决策极限，借助AI来解决故障定位难、故障无法主动预防等问题。首先，系统基于AI芯片进行全流采集，实时感知网络异常。然后，基于知识图谱的故障聚类，分析故障影响。最后，基于规则和AI模型两方面，结合仿真验证模块，给出故障处理预案，并结合知识图谱的知识，推理分析故障处理预案是否能够消除故障影响。

企业自动驾驶网络中重点使用的AI算法有如下几类。

（1）强化学习（Reinforcement Learning，RL）

强化学习是不断重复、不断强化认知的学习过程。企业数字化变革要求网络能够快速响应业务变化，因此网络会进行频繁的变更。如果通过人工方式变更网络，很难以最优方案部署或得到最佳体验。而通过引入强化学习，根据不同组网方式、不同业务场景和流量大小等多种因素，对变更的参数进行动态选择，则可以实现网络的最佳部署。

（2）形式化验证（Formal Verification，FV）

形式化验证最早应用于软件验证领域，通过穷举程序的所有输入和所有执行路径来诊断代码的质量和功能。将形式化验证引入网络配置中，可构建事前仿真、事后验证的能力。在网络变更前，进行配置面验证，保证变更100%无误。在配置下发后，定时采集设备的表项进行数据面验证，对网络运行状态提供持续性可靠保障。

（3）知识图谱（Knowledge Graph，KG）

知识图谱是一种包含了实体和实体间关系的语义网络，基于知识图谱可以进行知识的推理和表达。知识图谱技术主要包括知识表示与建模、知识获取、知识融合与知识应用4部分。它以结构化形式描述数据实体及其之间的关系，并提供了一种更好地组织、管理和理解海量信息的能力。将网络配置、状态、KPI等信息通过知识图谱的方式进行自动化建模，并通过故障与网络事件自动注入持续训练实体间的因果关系，可实现故障场景下对多KPI异常传播关系的模糊推理，快速识别故障类型与根因。如图4-14所示，这里每一个原点代表一个神经元，比如端口、链路、协议等。点与点之间的连线代表对象之间的关联关系。而这仅仅是9个网元上十几条业务的建模，可以想象传统运维依靠人工去梳理对象之间的关系，排查问题根因是非常复杂的。

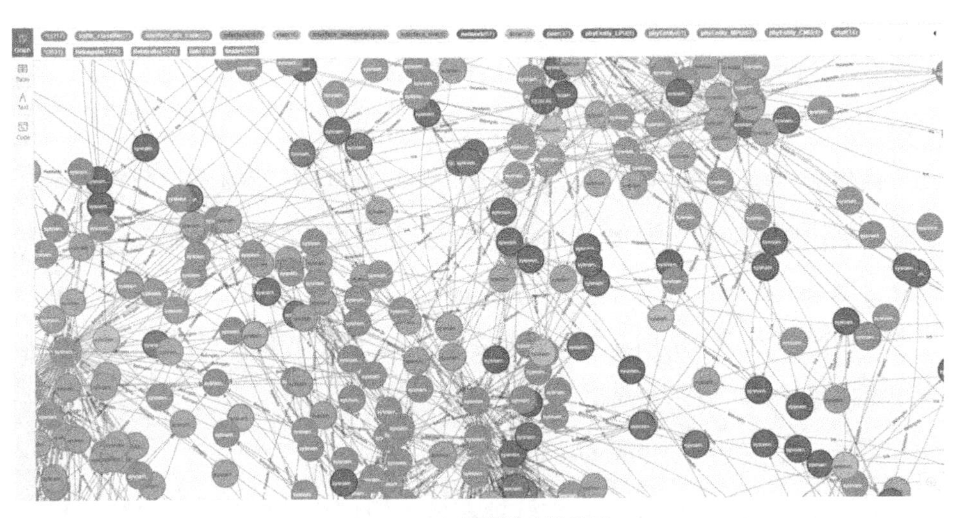

图 4-14　知识图谱建模示例

4.5　网络数字地图

网络数字地图是数字孪生引擎的直观对外呈现，以地图的形式进行可验证的孪生体验。通过网络数字地图的多维可视，如3D、动态缩放、图层叠加等技术，在不同用户场景下呈现不同的拓扑，实现网络高精度可视和可观测，达到极致的交互体验。系统对后台数据进行统一存储与管理，构建网元和网络数据模型，实现数据驱动的实时、动态数字图谱，覆盖各种网络类型的应用SLA可视。

1. 可观测性

随着分布式架构的普及，“可观测性（Observability）”一词也日益频繁地被提起。可观测性不仅是一个流行语，它还是了解整个基础设施状态的一种重要且有用的方法。

随着云、容器、微服务和其他技术的引入，企业系统比以往任何时候都复杂。虽然这些技术的最终结果是积极的，但在系统内的工作、故障排除和管理都充满了困难。此外，系统的频繁交互会导致多种多样的问题发生，而且这些问题通常很难检测和解决。幸运的是，这些分布式系统会产生大量遥测数据，如果能利用这些数据，就可以清楚地了解系统的性能。有效的可观测性工具可以捕获这些数据，并与系统输出进行建模关联，建立基于观测对象的上下文，以此提供现代分布式系统环境中所需的洞察力。

几十年来，IT运营团队一直通过部署“监控工具”来跟踪支撑业务流程的基础架构、网络和应用程序的性能。随着IT环境的发展，监控工具在适应新体系架构的波动性方面表现出了局限性。监控一般依赖于构建仪表板和警报，以便在已知场景发生问题时感知并进行处理。然而，即使在相对简单的应用中，以前未知的问题也经常发生。特别是在高负载时，如业务高峰期，监控仪表板显示为绿色，而实际可能已经给大面积客户造成了业务体验下降的困境。此外，企业IT人员根本无法确定其应用程序或业务的状态，也无法了解基础设施服务如何影响业务KPI和客户的数字体验。

有了可观测性技术，IT人员可以快速查询数字服务，查看所有可用的完整数据堆栈，以确定性能下降的根本原因，即使以前从未发生过性能下降。另外，网络可观测性能帮助企业IT人员减少MTTR，特别是与传统的监控相比。操作员可以事后自由地分析任何数据，无须预先定义仪表板。除此之外，可观测性还能带来其他好处。

- 提高最终用户满意度。通过减少识别问题的时间，增加应用程序正常运行的时间，提升性能，减少客户流失。
- 降低基础架构成本。通过查看生成的数据，可以优化基础架构。例如，通过识别瓶颈来减少过度配置、提高效率和吞吐量。
- 更紧密地与开发过程结合。遵循“可观测性驱动开发”（也称为关注点左移）理念，即开发团队和运营团队使用统一的概念来理解应用程序性能，而不是关心应用程序是如何运行的。
- 改善基础架构的覆盖面。可观测性强调遥测数据的收集和分析，这意味着它能够适应新的基础设施范式，如容器、微服务等。

可观测性是“监控”向“流程”的演变，提供了对数字业务应用程序的深入了解。为了提供保持竞争力所需的数字体验，企业必须超越基础设施的范畴，使其数字业务可被观测。

2. 可视化的地图

企业网络的可视化和可观测性，可以理解为企业构建一张“动态网络数字地图”。这里用一个产业数字化转型的典型案例“在线打车”进行探讨。

单就打车这个行业来说，打车软件做了什么事？本质上是通过数字化手段，实现了人和车之间更快、更好地配置资源。某种程度上，也可以说打车软件是个物联网应用，它以手机为传感器，几乎实时地采集了人和车的数据，如人的位置、打车需求、车的位置、空载状态等。有打车软件之前，我们怎么打车？是靠在街边拦车，我们必须四处张望，发现空驶出租车并伸手召唤，同时司机还要看到我们，彼此确认后，才能完成一次人与车的资源配置。有了打车软件后，只需要打开位置信息和发送打车需求，打车软件比我们“看得远、看得全、看得快”，选择距离我们最近的匹配车辆，从而缩短了我们的等候时间，降低了出租车的空驶率，更快、更好地实现人与车的资源配置。

可以说，打车软件创建了一个以“数字地图”为底座，以人和车为数字化资源对象，以手机为虚实连接器的数字化空间，用机器学习算法来完成大规模、更快、更好的资源匹配。过去几年，这个数字化空间还在不断扩展、深化、精细化和智能化，甚至融入现实，剔除、取代某些资源，进一步提高了资源配置的效率。

比如，通过引入交通路况数据，打车软件可以选择最快到达的车而非距离最近的车。

比如，通过采集客户满意度数据，打车软件有了度量司机服务情况并予以奖惩的可能。

比如，通过采集语音和自动识别判断，打车软件让司机不得不提醒每个乘客说“请系好安全带”。

比如，通过采集和记录行驶路线和时间，打车软件有助于仲裁绕路这类常见的出行纠纷。

比如，通过记录和分析出行数据，打车软件掌握了乘客的出行习惯，让乘客打开打车软件时，往往发现它已经默认推荐了乘客最常去的目的地。

比如，掌握打车软件的公司和众厂商正在无人驾驶上投入，某天可能司机就会从现实产业链中消失。

打车软件构筑了出行产业的数字化空间，同时还会以同样的模式去扩展和占领更多的相关行业，基于一个物理世界的数字孪生体（包括建筑、道路、乘客、司机和车），通过一张可视化的地图，让司机和乘客建立了高效连接。

借用这个概念，我们可以重新定义一个基础设施的“数字世界”：应用的进程相当于“乘客”，服务器和存储相当于“建筑”，网络相当于“道路”，网络控制和管理相当于“司机”，数据报文相当于“车”。那么自动驾驶网络就致力于解决“道路”和“司机”的问题，到了自动驾驶网络的L4或者L5阶段，AI会取代现在的“司机”，“道路”也可以按需修建。作为L4阶段的一个关键特征，构建一张可视化的地图就势在必行了。

首先，需要构筑底层的IT基础设施数字孪生体，通过多种方式采集并存储各领域的可观测数据，包括资产数据、配置数据、运行时表项数据、状态数据、日志数据、工单数据、告警数据、自动化数据以及用户体验数据。

其次，利用ML等手段进行数据处理、分析和加工，建立数据间的关联模型及上下文环境，并图谱化存储，从而建立IT图谱。该图谱具备所有IT对象的具象化特征，如名称、年龄、类型、状态、坐标、交际圈等。

最后，将这些数据进行可视化输出，将网络拓扑、应用拓扑、业务拓扑构筑在一张“地图”之上。当有新的业务交互需求（新的出行导航需求）时，应用管理或开发人员在地图上查询源地址和目的地地址（建筑），选择合适的网络服务类型（车型），网络管理人员或AI决策网络服务的交付（司机），交付完成后持续洞察网络（道路）及数据转发状态（车），包括丢包、时延、抖动等，并将状态信息实时展示在地图上（路况），帮助网络运维人员及时发现和定位故障。

同时，数字动态地图还要具备基于位置的服务（Location-Based Service，LBS）能力，可以将地图无缝集成到其他第三方系统［如ITIL、配置管理数据库（Configuration Management Database，CMDB）、监控系统等］中。通过地图可视化的方式，让其他第三方系统更直观地管理和控制IT基础设施。

企业的网络和应用变得越来越复杂，如有来自数十家提供商的各类微服务、容器、物理、虚拟、SDN等，并且在不断变化，除非每次变化都进行数据更新，否则拓扑图将保持静态。人们不可能依靠线下的方式维护最新的企业IT拓扑图，需要根据现网数据自动实时创建和更新数字动态地图。利用数字动态地图，用户不需要参与，就可以实时可视化几乎任何IT信息，包括拓扑、配置、状态等，甚至是来自其他系统的数据。

3. 数字孪生

打造可视化的高精网络数字地图，还离不开一项“黑科技”——数字孪生。传统网管将网络拓扑作为网络可视化的呈现手段，叠加以基本告警和状态信息，帮助监控人员概览网络。而基于数字孪生的高精网络数字地图，目标是成为“网络驾驶的主屏幕”，将来自不同应用/环境等的多重信息按照场景有机整合到主拓扑单屏中，提供所有资源的统一管理、运维，为网络管理员带来一站式操作体验。

数字孪生究竟是什么？Gartner将数字孪生定义为物理对象的数字化表示：

- 物理对象的模型；
- 来自物理对象或与其相关的数据；
- 与物理对象唯一的映射；
- 持续遥测感知物理对象的能力。

简单来说，数字孪生就是综合运用感知、计算、建模等信息技术，通过软件定义，对物理空间网络进行实时描述、诊断、预测、决策，进而实现物理空间与虚拟空间的相互映射。随着自动驾驶网络的发展，数字孪生俨然成为企业数字化转型的新抓手，它为网络实现设计推荐、故障智能处理、资源性能主动优化等提供了一张高精网络数字地图。

如图4-15所示，数字孪生从规划、建设、维护、优化、运营5个维度构建了网络管理能力体系，提供了以服务客户和保障业务质量为核心的低成本试错、高质量运维的网络服务，实现了配置零等待、资源零预留、网络自优化、用户体验自保障的良性闭环。该体系主要通过收集与网络相关的孪生数据，将收集到的原始数据经过数据仓库加工和映射，建立多维多层模型，然后基于模型驱动，自动还原出物理网络拓扑结构，同时借助流量和策略等仿真手段不断验证和优化拓扑结构，实现孪生仿真和可视。

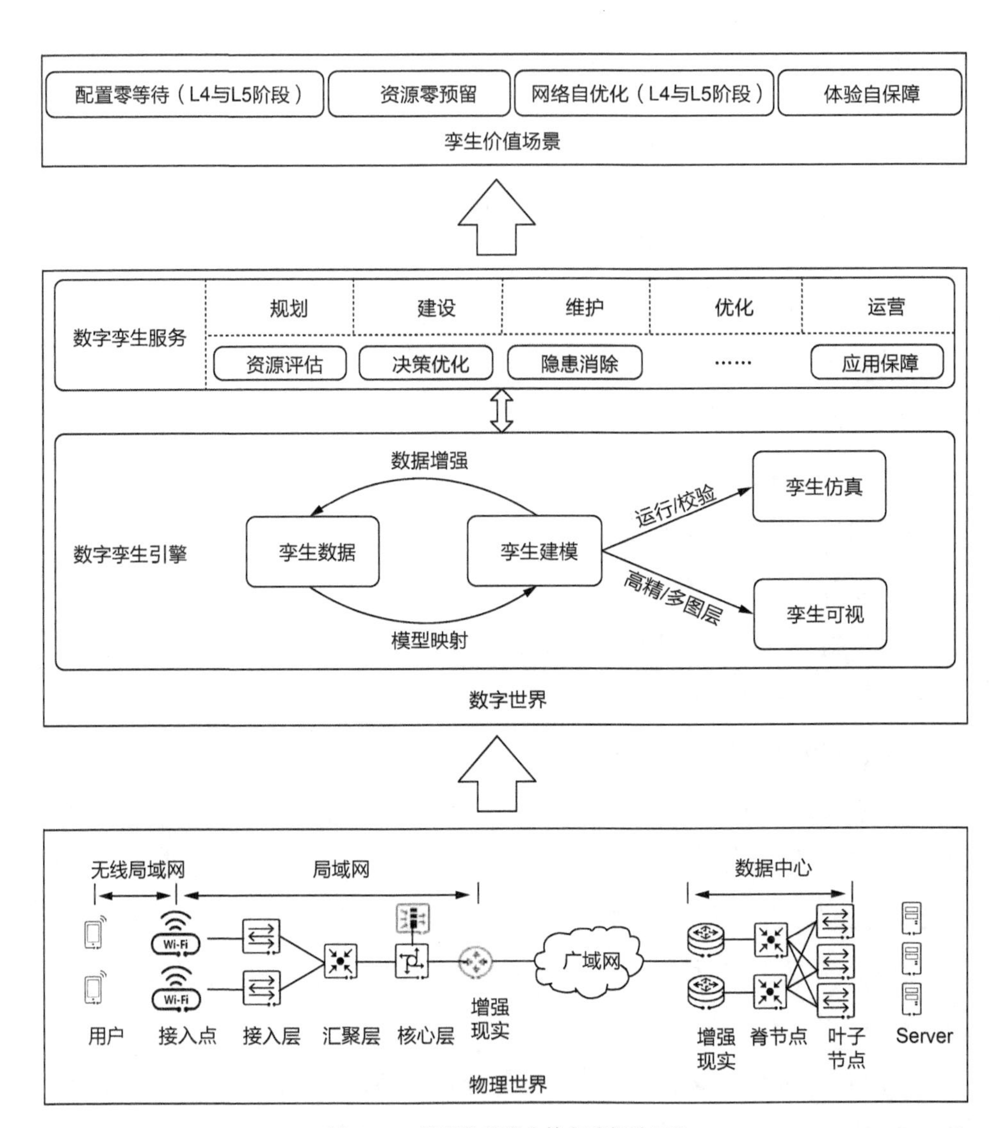

图 4–15　基于数字孪生的自动驾驶网络

数字孪生引擎主要围绕孪生数据、孪生建模、孪生仿真、孪生可视4个方向，结合图表征等数学和自治理论构建数字孪生引擎核心能力。

（1）孪生数据

首先，数字孪生引擎会收集企业客户所有ICT相关数据，包括网元存量数据、网络业务配置数据、各类性能数据和告警数据、日志等，并对这些多源数据进行全量映射后发布主题数据。接着分析现网流量特征，利用局部数据反向生成全网流量数据。通过开放的数据采集框架，可以灵活地对接外部第三方系统，实现数据自动采集和同步、数据清洗和加工、过滤冗余和冲突数据等操作。最终将多源数据全面映射成唯一ID，挖掘出显式及隐式关系，形成网络数据资产，方便进一步进行数据分析、模型构建、算法验证等。

（2）孪生建模

基于预处理过的孪生数据，建立多维多层关联模型，比如建立机理建模和数据驱动模型。机理建模是通过数字化技术对物理实体的物理属性［比如形状、状态（告警/性能）等］进行建模；数据驱动模型是通过数据处理技术对数据进行拼接、关联、仿真，构建反映物理实体内在关系的多维度模型，支持在上层功能层进行应用。

（3）孪生仿真

孪生仿真是基于形式化的建模技术，通过构建大规模网络虚拟环境来执行仿真评估、实现模型运行和校验、支持事件响应和状态数据传递等。仿真的价值在于通过模型双向映射及形式化建模仿真等技术，实现复杂规模网络下应用的仿真及业务评估，零风险、低投入实现网络SLA保障。孪生仿真框架主要包括模型定义与发布、仿真与验证两大块，可以支撑多业务场景的仿真验证评估。

- 模型定义与发布：通过模型定义，进行实例数据和模型互映射。
- 仿真与验证：仿真评估框架，利用建模及仿真技术体系，实现模型的验证。

（4）孪生可视

孪生可视的主要目标是解决最终用户的数据使用体验问题，通过可视化的方式对内部建模后的多维数据进行综合可视。“地图”不失为一种很好的呈现方式，类似交通数字地图，我们可以打造IT基础设施的高精网络数字地图。地图通过多图层、多视角、多维度的方式对内部数据进行全方位、无死角展示，通过单一画布、无极缩放、标注定位等特性，给用户提供一种极致的使用体验，还可以帮助运维人员快速识别网络、设备特征，提高运维效率。同时，每一时刻的多维信息都会自动留存快照，记录网络现状和历史，支持历史按需回放，并支持不同历史时刻的快照对比，直观呈现网络多维变化趋势。

第5章
切换成CIO视角来看企业自动驾驶网络

自动驾驶网络带来的改变不仅仅局限于网络建设和运维本身，而是作为数字化基础设施的重要基础，帮助企业在数字化过程中实现更大价值。本章切换成CIO的视角，带着大家看一看自动驾驶网络对企业整个数字化转型究竟有何作用。首先，我们将带领读者以CIO视角重新审视企业网络运维，谈一谈这些年企业网络运维遇到的问题，例如令人头疼的多厂商问题、引入云计算后网络形态异构的问题、网络与应用脱节的问题等，随后介绍如何通过引入自动驾驶网络来系统地解决这些问题。

| 5.1　以CIO视角看网络运维 |

实际上，站在企业CIO的视角，网络作为企业基础设施的一部分，并不是独立存在的。网络的运维体系也需要和企业整体的IT体系相融合，从而更好地支撑企业核心战略。过去的几十年，各行各业都在加速将本行业的生产元素搬入数字世界，即一切可以、应该被数字化的事务都在数字化。以此为基础，部分行业进一步提出了企业乃至行业的“服务化”战略。以金融为例，银行在完成了自身的数字化转型后，提出了“Open Banking”理念，即银行不再局限于网点、ATM机、掌银App的形态，而是将银行抽象为某几个金融场景化服务接口，无处不在地为各行各业提供金融服务，比如转账、贷款、风控等。

因此，为了支持企业的数字化战略，网络除了基础的转发功能与可靠性，还需要考虑如何将自身数字化，从而敏捷地支撑企业的业务诉求，以此为下一代网络运维的核心转型目标。我们来详细看一看下一代网络运维体系构建的最佳实践，以及如何实现自动驾驶网络的体验。

5.2 网络运维的整体架构与体系

1. 评估和构建网络运维体系“九宫格”

在讲解网络运维的最佳实践之前，让我们先了解一下网络运维体系的构建。

很多企业的网络运维管理者现在遇到的难题是，虽然自己管了几十年的网络，精通路由交换、安全、NFV/SDN甚至OpenStack等IT栈，所在企业也购买了很多厂商的网络运维和网络自动化软件，但是网络运维的效率依然很低。尤其是随着IT基础设施云化的进程，网络逐渐被排挤出了业务运营的关键流程，网络运维管理者可能会对未来感到迷茫，想要改变却不知从何下手，最终沦为每天启用策略、刷脚本、抓包定位的“工具人”。

想要改变这种窘境，就需要先构建恰当的运维体系。当前业界主流的运维体系大多数是围绕“监、管、控”三大维度构建的，并且基于基础设施即服务（Infrastructure as a Service，IaaS）、平台即服务（Platform as a Service，PaaS）、软件即服务（Software as a Service，SaaS）划分了3层架构，可以看成一个网络运维体系“九宫格”，如表5-1所示。“监”代表监视，核心任务是完成运维目标的健康状态感知；“管”代表管理，核心任务是完成运维目标的资产管理、资源管理；“控”代表控制，核心任务是完成自动化作业的相关工作。根据这个网络运维体系“九宫格”，用户可以系统地评测自身运维系统架构是否健全，各模块功能是否能支撑业务诉求、是否满足未来业务的发展需求。

表 5-1　评估和构建网络运维体系"九宫格"

架构	控	管	监
SaaS	• 网络全生命周期自动化场景覆盖度； • 网络服务化程度 / 开放程度	• 网络资源管理精细化程度； • 网络管理可视化程度	网络故障定位精度与效率
PaaS	• 新场景发布敏捷度； • 异构网络配置差异屏蔽程度	• 异构网络资源标准化程度； • 网络资源数据的精确度与开放程度	• 网络监控项覆盖范围； • 新网络故障的学习速度
IaaS	• 配置下发性能； • 配置接口开放程度； • 自动化覆盖范围	• 资源采集实时率； • 资源采集接口开放程度； • 资源采集覆盖范围	• 网络监控项采集实时率； • 监控接口开放程度； • 网络监控覆盖范围

2. 网络运维体系"九宫格"的应用实践

接下来我们通过一个实际案例，来讲解一下如何在网络中运用网络运维体系"九宫格"评估和构建自身的网络运维体系。

某金融银行（以下称作"企业A"）的数据中心网络架构如图5-1所示。整体组网采用了两地三中心的标准金融行业规范式架构，DC1和 DC2作为双活主数据中心，DC3作为灾备数据中心，每个数据中心都有互联网出口、分支机构接入和外联机构接入。3个数据中心总计包含数千台设备，由将近20个厂商提供，涉及交换、路由、安全、负载等不同设备类型的不同款型。

如图5-2所示，进入单个数据中心内部，我们从网络发展的时间轴来展开介绍各安全分区。

第一类网络：在SDN出现之前，企业A使用传统的虚拟局域网（Virtual Local Area Network，VLAN）与生成树协议（Spanning Tree Protocol，STP）组网构建了第一代数据中心网络，主要用于承载集中式的银行交易系统。

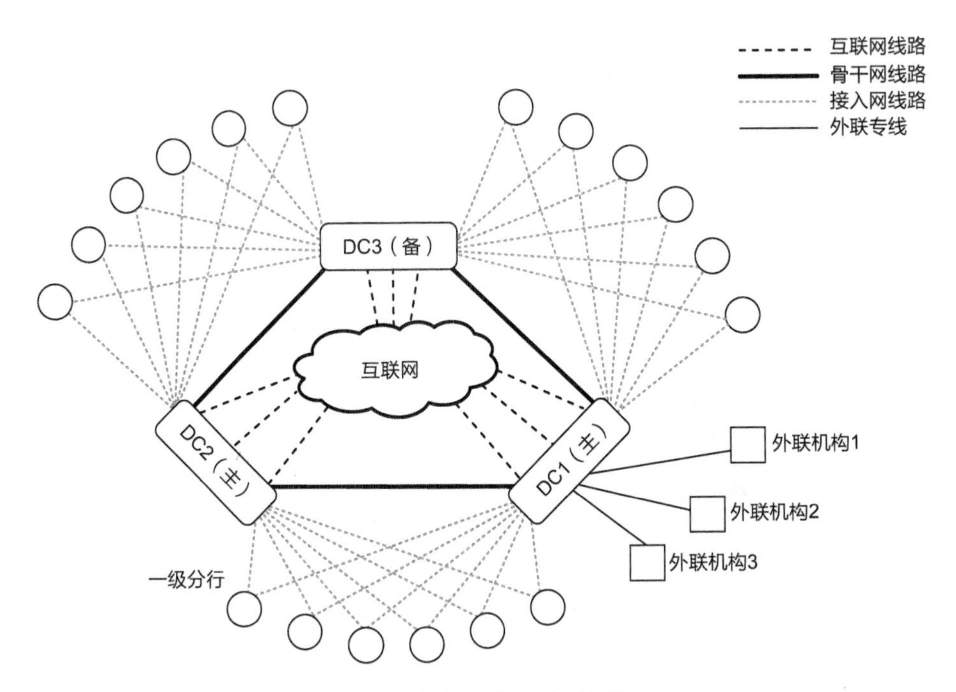

图 5-1　企业 A 的数据中心网络架构

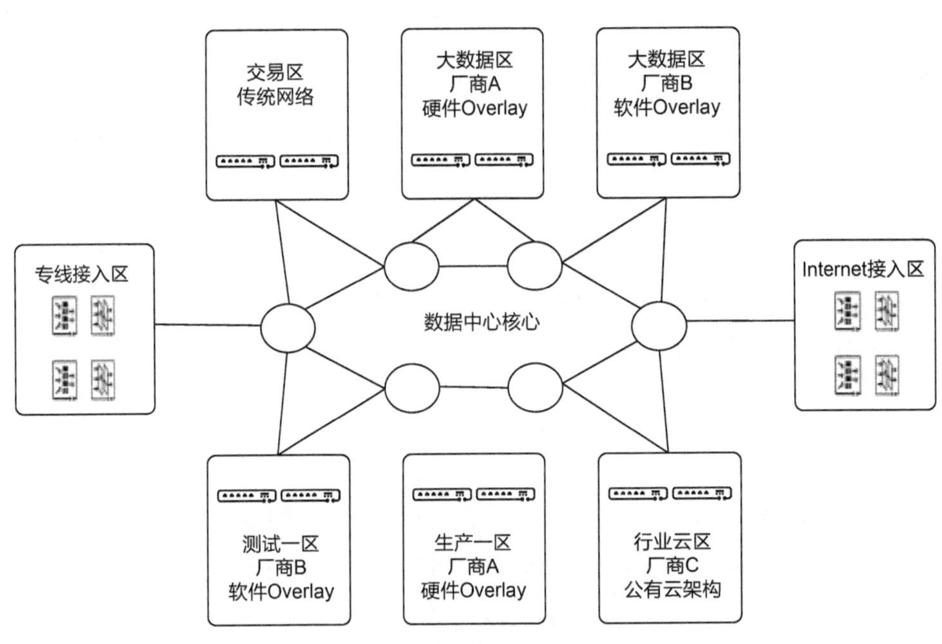

图 5-2　单个数据中心内部组网示意

第二类网络：2015年起，计算虚拟化、网络虚拟化、硬件SDN方案逐渐开始规模化商用。伴随着银行应用的分布式改造，企业A使用厂商A的IaaS产品新扩容了一个生产一区、一个大数据区，用于承载分布式应用。以掌银App为例，这两个分区采用全三层组网，基于VXLAN构建虚拟大二层，控制面采用BGP EVPN（Ethernet VPN，以太网虚拟专用网）。

第三类网络：2019年起，银行系统进一步开启服务化改造之路。在IaaS层面，伴随着智能网卡性能的提升，Overlay网络逐步实现网络功能虚拟化，企业A引入了厂商B的全栈私有云方案，对大数据区和测试一区进行扩容。

第四类网络：2020年，企业A决定建设自己的行业云，用于向金融伙伴、子公司提供金融云服务。为了更好地参考公有云的运作模式，企业A引入了厂商C的公有云IaaS架构。

至此，企业A“四世同堂”的网络现状基本形成，并且由于异构、安全规范等要求，Internet接入区、专线接入区等区域也部署了很多异构厂商的安全、负载设备。

面对如此复杂、形态异构、厂商异构的网络，企业A决定重新改造其网络运维体系，以匹配基础设施形态的变化与网络规模的迅速增长。在经过深入的调研与交流后，我们基于网络运维体系“九宫格”，对企业A的当前网络运维能力进行了总结，如表5-2所示。

表 5-2　评估企业 A 的网络运维体系“九宫格”

架构	控	管	监
SaaS	• 防火墙策略开通； • 应用域名开通	• 网络资源管理模块； • 防火墙策略管理模块； • 大屏展示	告警处理平台
PaaS	• ITSM； • Ansible	CMDB	• 网络监控； • 网络性能监控（Network Performance Monitor，NPM）
IaaS	• 开源配置下发通道（例如：Napalm）； • 设备厂商控制器	自研配置采集通道	• 设备厂商控制器； • 网络监控告警采集通道

（1）网络控制体系评估

在网络控制维度，SaaS层提供了防火墙策略开通、应用域名开通等单点业务能力；PaaS层通过ITSM软件构筑工单审批流程，并且引入了开源Ansible，从而实现部分网络配置下发的自动化脚本管理；IaaS层通过开源Napalm、设备厂商控制器等完成设备配置下发的交互。

评估：企业A整体自动化体系处于网络自动化 L1.5 ~ L2阶段，实现了部分高频网络变更场景的单点自动化能力。

核心痛点如下。

- 没有解决多厂商、多款型设备适配问题。
- 脚本自动化开发能力弱，面对复杂网络需求，缺乏场景化、服务化API，依赖网络厂商定制，无法满足快速迭代需求。
- 网络规模大，路由复杂，网络变更风险不可控。

（2）网络管理体系评估

在网络管理维度，PaaS层借助整个公司的CMDB，构筑了网络的CMDB，存储了网络的拓扑、配置文件、网络资源（如IP地址、VLAN）等资产类数据；IaaS层通过自研配置采集通道，每日更新CMDB的部分数据；SaaS层基于CMDB的数据构建了网络资源管理模块（负责IP地址、VLAN分配等）、防火墙策略管理模块、大屏展示等。

评估：企业A整体网络管理能力相对较弱，处于L1.5阶段，实现了基础的配置、拓扑定期采集和保存。

核心痛点如下。

- 网络CMDB层面没有完成网络的数字化建模，停留在配置层面。
- 南向采集实时率低，无法满足上层业务对数据精度的要求。
- 网络可视化程度低，基于大屏等静态拓扑进行管理，与应用无关联。
- 网络资源管理混乱，多头管理，南北向网络资源库无对账能力，导致资源管理组件不可靠。

（3）网络监控体系评估

在网络监控维度引入了两个核心组件，即网络监控组件和流量监控组件。这两个组件构筑了网络监控的PaaS层和IaaS层，实现了网络状态数据的采集监控和流量数据的报文头捕获与分析。网络状态数据包括告警、CPU占有率、KPI、内存占有率等，流量数据主要位于负载均衡设备、防火墙等节点。至于网络健康的SaaS层，则将网络监控数据上送到了统一的告警处理平台，作为日常的监控主界面。

评估：企业A整体网络监控能力处于L2.5阶段，实现了全网所有网络告警采集和部分核心节点的流量采集。

核心痛点如下。

- 告警发现不等于问题定位，实际网络排障效率依然低下，依赖人工定位。
- 引入云网络后，流量穿梭于物理网络与虚拟网络之间，当前监控体系无法提供支撑。
- 应用服务化改造后，网络基本与应用脱节，缺乏基于业务视角的网络监控能力。

通过评估企业A的网络运维体系“九宫格”，我们得出企业A下一代网络运维转型的总体目标与各层次分解目标，如表5-3所示。

表 5-3　企业 A 下一代网络运维转型的总体目标与各层次分解目标

架构	控	管	监
总体	服务化转型，网络可以敏捷地将自己的能力以服务化形式发布出来，支撑企业的整体服务化目标	数字化转型，将网络整体搬入数字世界，支撑企业的数字化转型，实现数字化运营	智能化转型，在网络监控领域引入智能运维（Artificial Intelligence for IT Operations，AIOps）技术，实现故障的溯源、自愈，并且从面向网络运维走向应用 / 网络联动运维

续表

架构	控	管	监
SaaS	全生命周期网络服务化能力	• 高精度网络可视化管理； • 网络资源精细化动态管理	• 故障溯源、自愈； • 应用 / 网络联动运维
PaaS	• 新服务高速迭代、敏捷发布； • 统一配置自动化模型、构筑网络自动化中台	• 动态网络资源管理，支持南北对账、解决多头管理 • 网络资源数字化管理，实现数字孪生	• 网络状态类监控、流监控、应用数据融合，实现应用 / 网络联动运维； • AIOps
IaaS	• 屏蔽厂商差异； • 模型驱动配置下发	实时网络资源采集	• 软件 / 硬件网络监控数据采集； • 上报高性能网络健康度

至此，基本完成了企业A当前运维体系的自动驾驶网络等级评估，以及下一代网络运维体系的改造目标设立。接下来，我们将分节介绍各组件的详细改造与落地方案。

| 5.3 "监"：AI 溯源，秒级定位 |

网络监控领域应该是大部分网络运维人员感知最明显的一个领域，因为网络自动化、网络管理领域的演进并没有显得那么迫切，但网络监控与保障却是整个网络的生死线。如何在故障出现时第一时间发现，用最快的时间定位，选择影响最小的方案进行修复，是企业最关心的问题。网络监控领域因此也在业界有一个明确的演进过程，依次为网络故障管理（Network Fault Management，NFM）、IT基础设施监控（IT Infrastructure Monitoring，ITIM）、网络性能监控和诊断（Network Performance Monitoring and Diagnostics，NPMD）、应用/网络一体化监控和AIOps，如表5-4所示。下面用企业A的案例来详细介绍一下如何构建一套全生命周期的意图保障体系。

表 5-4　网络监控领域的演进过程

网络监控领域发展阶段	关键特征
网络故障管理	• 事件驱动。 • 基础监控：Trap 监控、Syslog。 • 基础告警：网络设备状态、接口、单板、CPU 告警
IT 基础设施监控	• 指标驱动。 • 进阶监控：集成网络、系统、应用监控，融入运营流程。 • 进阶告警：时间关联分析、性能趋势分析。 • SLA 报表审计
网络性能监控和诊断	• 性能驱动。 • 精细化监控：包检测、流分析、协议性能分析。 • 基于日志分析平台深度运营。 • 故障自愈：主动识别 + 自动化处理。 • 服务封装
应用 / 网络一体化监控和 AIOps	• 业务驱动。 • 应用与网络的协同监控。 • 故障自愈：AIOps 驱动的未知故障发现和故障学习。 • 智能学件发布

5.3.1　全生命周期意图保障体系的构建

在进行自动驾驶网络实践前，企业A已经构建了一套网络监控体系，如图5-3所示。

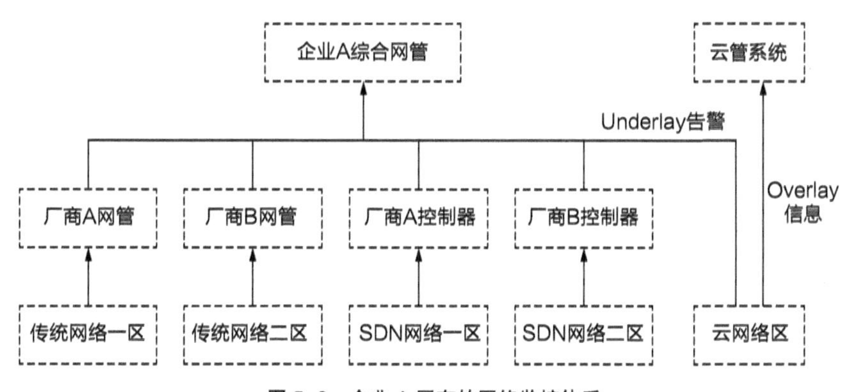

图 5-3　企业 A 原有的网络监控体系

其中厂商的网管是一款L1的产品，负责接收对应厂商设备的基础告警，只做基础的告警事件监控。在此之上，企业A花大价钱购买了一款成熟的ITIM产品“企业综合网管”，负责收集全网的告警，并提供报表、告警关联、趋势分析等能力。除了网络状态监控之外，企业A还购买了NPM流分析系统，在网络中的主要节点布放了探针，用于网络流量分析。

从表面看，企业A的网络监控体系是十分健全的，但实际效果却不尽然。我们将企业A的MTTR与一个只部署了基础网管的企业B的MTTR进行了对比，发现两个企业并没有明显差距。那么这些高级的监控系统真的没有价值吗？其实问题不在于这些系统，而在于这些系统的能力没有很好地进入运维的全生命周期，而降低MTTR、保障网络意图是一项贯穿网络全生命周期的工作。

因此，我们为企业A设计了一套网络全生命周期意图保障体系，如图5-4所示。

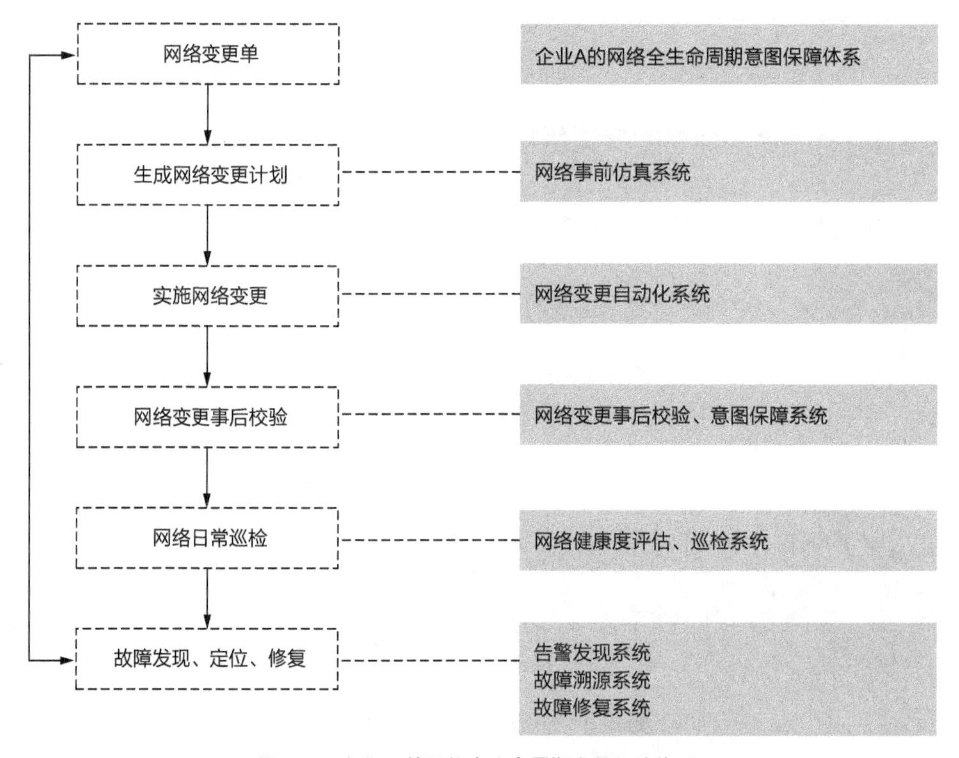

图5-4　企业A的网络全生命周期意图保障体系

不难发现，过去企业A大部分的系统专注于告警发现而忽视了其他环节。由于本章着重讨论网络监控体系，接下来我们将基于网络故障发现、定位、修复这几个环节进行介绍。

5.3.2　告警压降、故障溯源的应用

如果你是一位资深网络运维人员，那可能见过如图5-5所示的画面。我们做了简单的统计，在一个平常工作日的13：00～17：00时间段内，系统上报了5000多条告警。

对于如此多的告警条目，企业A的网络运维人员会如何处理呢？调研结果发现，尽管网络部门制定了非常详尽的规章制度，并定义了Level 1～Level 5的告警级别和相应的处理流程，但实际工作中，几乎所有网络运维人员对待告警采取的都是消极处理的态度。只要设备没有离线，设备配置没有变动，业务部门没有投诉，那就不处理。这个调查很好地解释了为什么与没有部署这些高级系统的企业相比，企业A在MTTR上没有任何优势。

于是，在帮助企业A构建网络监控体系时，第一件事情就是告警压降。

通过将告警挂接至网络运维图谱（参见第4章中给出的知识图谱）上，可以通过事件的关联关系将衍生告警压降至一个核心故障范围内，大大减少了人为处理告警的时间。比如一个端口发生了抖动，导致接口状态Down，进而导致OSPF邻居震荡，并依次向外衍生出了800条告警。通过告警压降技术，可以将告警压降至10条以内，如图5-6所示。

除了告警压降外，我们还基于知识图谱和海量的故障数据，训练了大量经典故障识别库，实现了多种经典故障的秒级定位，大大提升了故障溯源的效率，如图5-7所示。这里将物理世界抽象为一个数字孪生世界，并形成神经网络，每一个原点代表一个神经元，比如端口、链路、协议等，点与点之间的连线代表对象之间的关联关系。

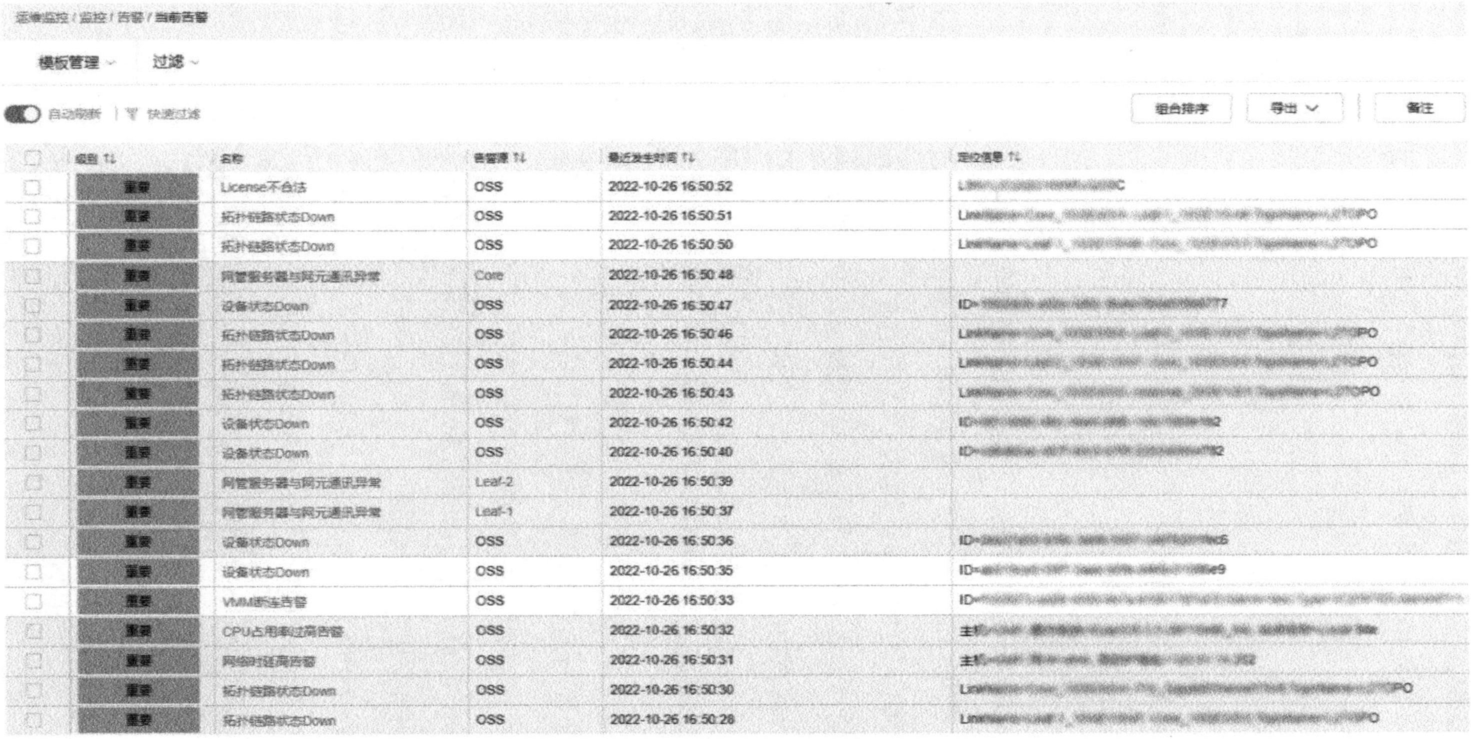

运维监控 / 监控 / 告警 / 当前告警

模板管理 过滤

自动刷新 | 快速过滤　　组合排序　导出　备注

级别	名称	告警源	最近发生时间	定位信息
重要	License不合法	OSS	2022-10-26 16:50:52	[illegible]
重要	拓扑链路状态Down	OSS	2022-10-26 16:50:51	[illegible]
重要	拓扑链路状态Down	OSS	2022-10-26 16:50:50	[illegible]
重要	网管服务器与网元通讯异常	Core	2022-10-26 16:50:48	
重要	设备状态Down	OSS	2022-10-26 16:50:47	[illegible]
重要	拓扑链路状态Down	OSS	2022-10-26 16:50:46	[illegible]
重要	拓扑链路状态Down	OSS	2022-10-26 16:50:44	[illegible]
重要	拓扑链路状态Down	OSS	2022-10-26 16:50:43	[illegible]
重要	设备状态Down	OSS	2022-10-26 16:50:42	[illegible]
重要	设备状态Down	OSS	2022-10-26 16:50:40	[illegible]
重要	网管服务器与网元通讯异常	Leaf-2	2022-10-26 16:50:39	
重要	网管服务器与网元通讯异常	Leaf-1	2022-10-26 16:50:37	
重要	设备状态Down	OSS	2022-10-26 16:50:36	[illegible]
重要	设备状态Down	OSS	2022-10-26 16:50:35	[illegible]
重要	VMM断连告警	OSS	2022-10-26 16:50:33	[illegible]
重要	CPU占用率过高告警	OSS	2022-10-26 16:50:32	[illegible]
重要	网络时延高告警	OSS	2022-10-26 16:50:31	[illegible]
重要	拓扑链路状态Down	OSS	2022-10-26 16:50:30	[illegible]
重要	拓扑链路状态Down	OSS	2022-10-26 16:50:28	[illegible]

图 5-5　来自企业 A 的综合网管系统的告警

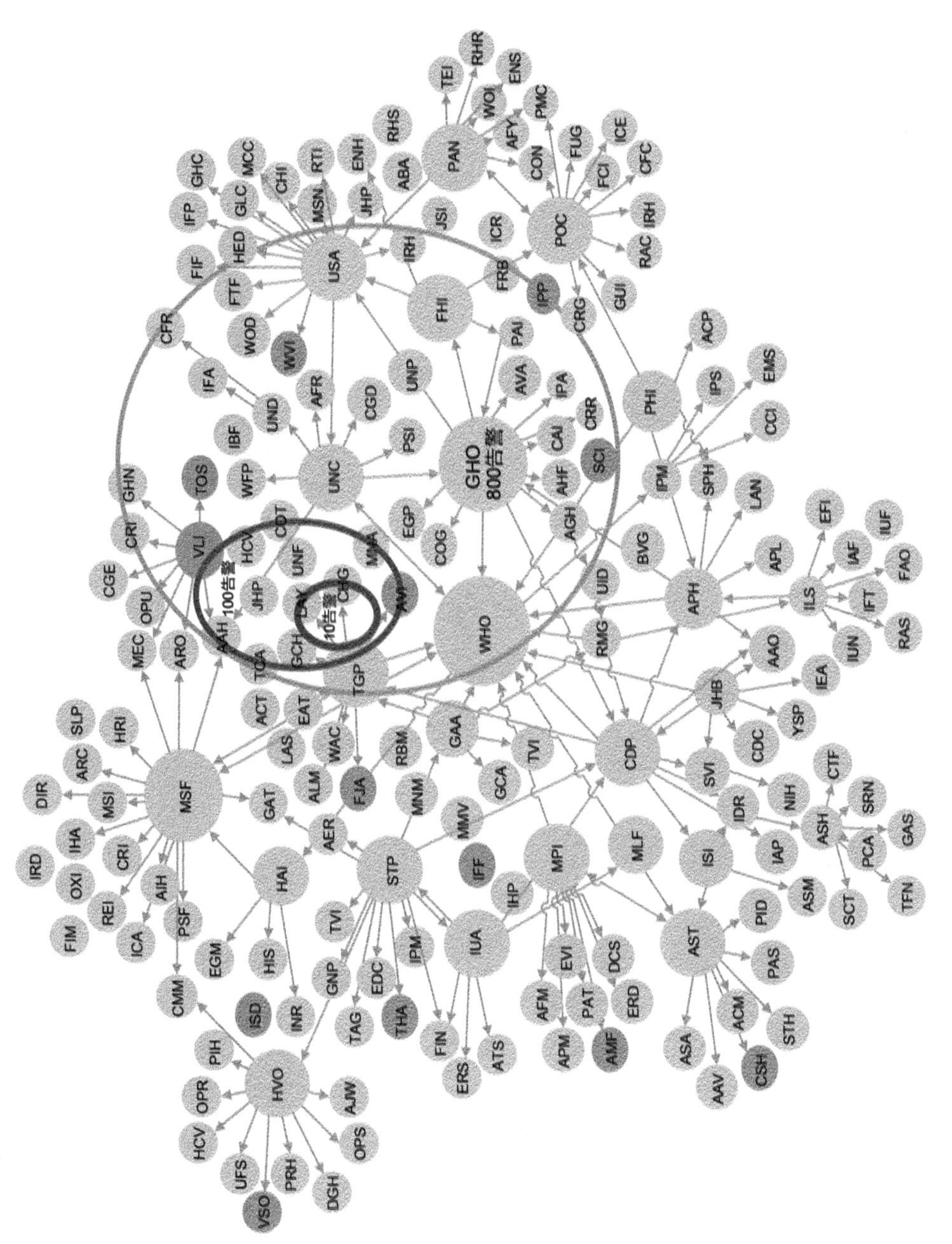

图 5-6　告警压降示意

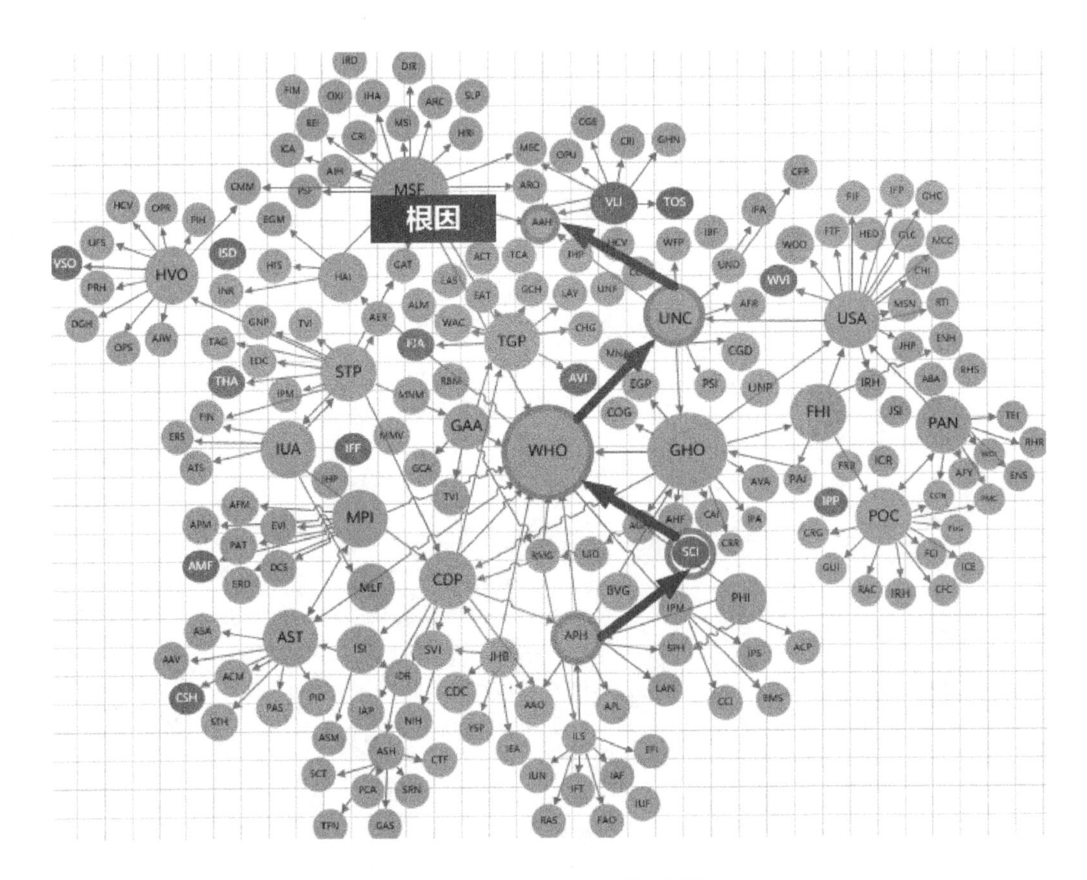

图 5-7　基于知识图谱的故障溯源

5.3.3　应用与网络融合的下一代网络监控体系

前文介绍，我们通过下一代网络CMDB，帮助企业A构建了新的网络管理体系，该体系能够提供网络动态地图能力。在帮助企业A构建下一代网络监控体系的过程中，我们以动态地图为底座，再叠加基于知识图谱的网络告警和企业A的应用监控系统，形成联动关联运维方案，如图5-8所示。当故障发生时，企业A的网络人员与应用人员可以基于同一张视图进行故障定位，极大地提高了运维效率。

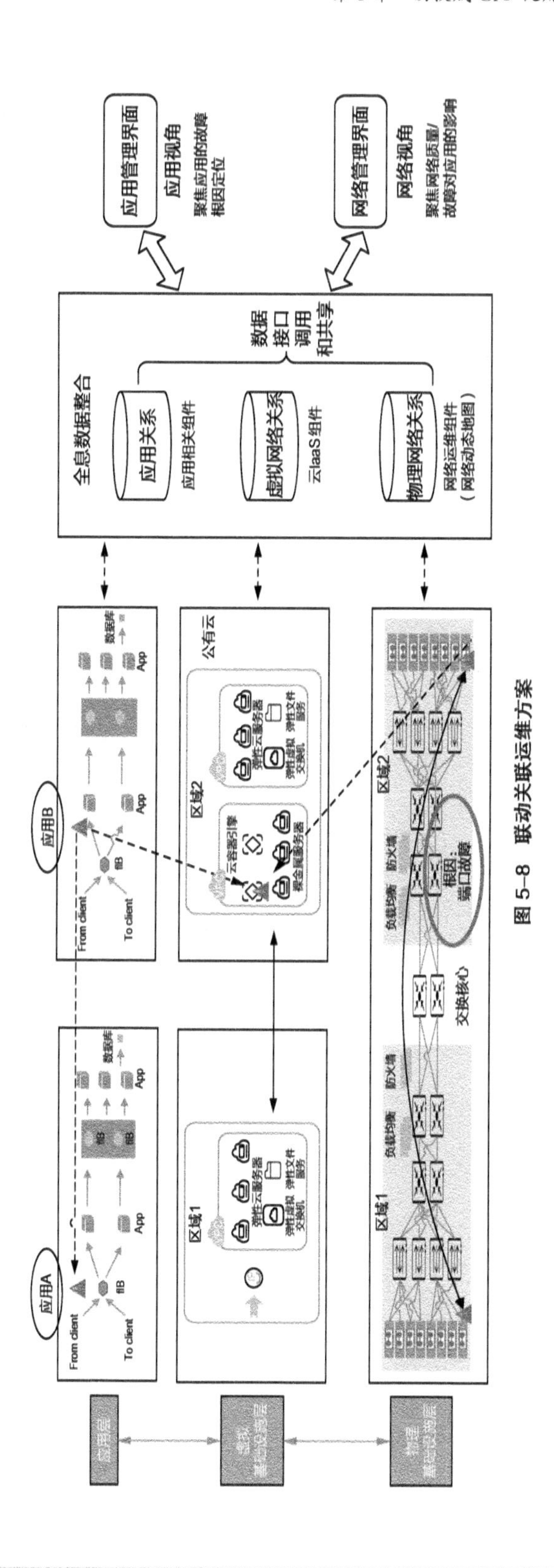

图 5-8　联动关联运维方案

5.4 "管"：数字孪生，透视网络

网络管理是一个非常重要但又很容易被忽视的领域，因为这个领域的价值并不直接体现在其本身。就好像一个武林高手练内力一样，看似平平无奇，一旦练成，简单的招式也可以打出惊天之力。在交流中，我们发现很多企业轻视网络管理系统的价值，盲目地追求各种上层场景服务的构建，发展一段时间后，往往很快遇到瓶颈，最后不了了之。

基于大量的企业用户现状调研以及趋势预判，我们给出了网络管理领域的演进过程，依次为文档化、信息化、数字化、图谱化阶段，如表5-5所示。

表 5-5　网络管理领域的演进过程

发展阶段	关键特征
文档化	• 基于文档 / 表格； • 人工申请资源； • 手绘网络拓扑
信息化	• 基于 CMDB； • 标准化资源申请； • 静态资源管理； • 面向 CLI； • 静态网络拓扑
数字化	• 基于数字孪生； • 定制化资源申请； • 动态资源管理； • 基于唯一真实数据源（Single Source Of Truth，SSOT）的网络数字化建模； • 动态网络拓扑； • 服务封装
图谱化	• 基于知识图谱； • 智能资源分配； • 资源态势分析； • 安全态势分析； • 应用 / 网络拓扑； • 智能学件发布

调研的结果显示，大部分企业用户当前仍然处于文档化阶段，即使用PPT、Visio、Excel等工具进行网络拓扑的描述与网络规划信息的记录，少量用户完成了信息化改造。企业A属于少量完成了信息化的用户，并且正在进行两代网络CMDB改造，但改造结果仍不理想。那么问题在哪儿？如何改进？下面将基于这些问题展开介绍。

5.4.1　下一代网络 CMDB：网络数据底座

我们首先从网络CMDB开始剖析，为什么企业A两次CMDB改造的结果都不理想。原因主要有两点。

（1）CMDB缺乏与实际网络的同步机制

企业A原本希望通过规范约束用户使用网络资源的方式，保证“谁申请，谁释放”，从而实现全局网络资源的唯一性和可维护性。而实际情况是，整改几个月后，各种各样的不规范使用使得CMDB数据与现网数据严重脱节，CMDB的数据无法再用于任何其他业务场景，最后不得不被废弃。

（2）CMDB的数据价值有限

目前企业A的数据存储依然以CLI为主，并且只采集了一些基础的资产类数据，如配置文件、链路信息等，数据可用价值不高。比如企业用户仅需要开发一个简单的诊断App，就要从网管监控系统、CMDB、流量探针系统甚至应用监控中获取各种类型的数据进行再加工，开发难度巨大。

基于这两个原因，我们为企业A引入了下一代网络CMDB，如图5-9所示。

我们分别从企业A的告警监控平台、流量探针系统、CMDB、应用监控中获取了状态类数据（如KPI、基础告警、CPU占有率、Syslog等）、流量数据、资产类数据以及应用的相关数据，将其全部汇聚到新一代网络CMDB，并使用知识图谱技术对数据进行分层治理，最终将原始数据还原成如下的四层数据模型。

- 物理设备：框、板、槽、链路等。
- 单一网元模型：接口、路由协议、策略路由等。
- 网络模型：L2互联状态、L3互联状态、路由协议状态、Overlay状态等。
- 业务模型：应用与网络的映射关系。

同时，通过各类南向采集接口，数据库与实际环境的数据保持实时同步，完成了下一代网络CMDB的构建。

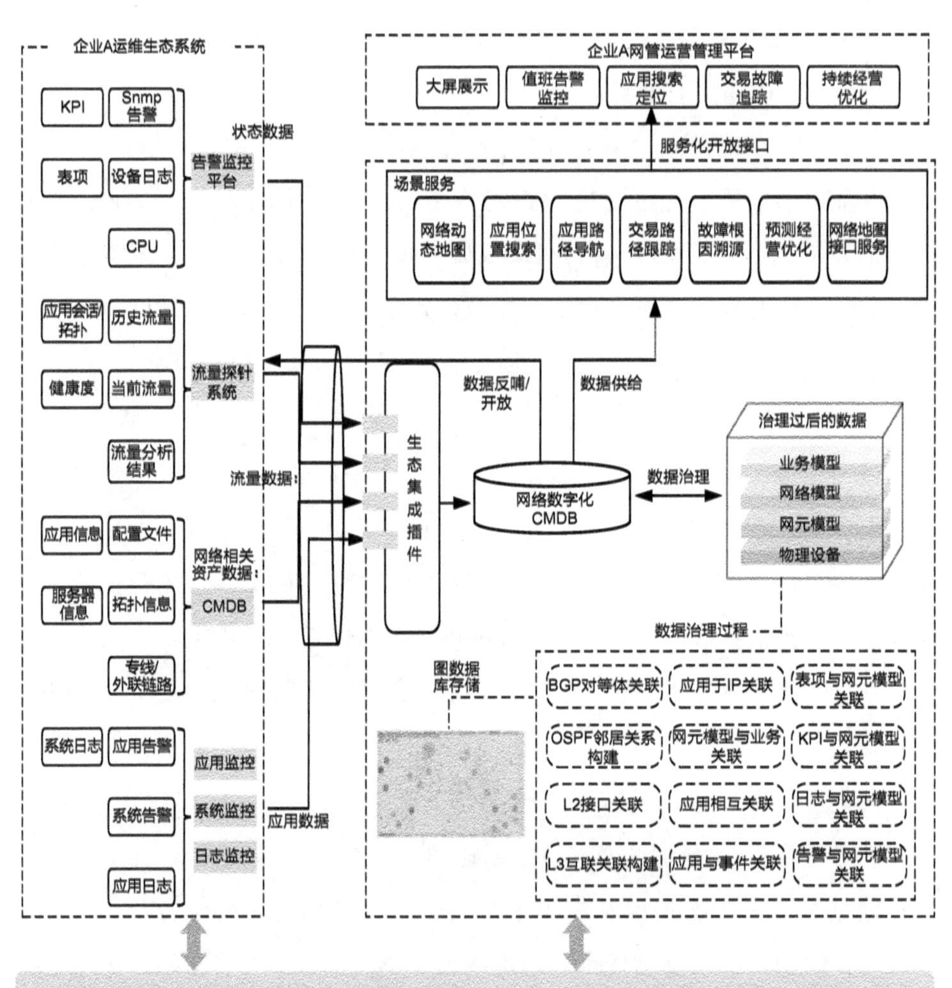

图 5-9　企业 A 的下一代网络 CMDB

5.4.2　新型可视化：网络动态地图

基于新型的网络CMDB，开发了第一个核心App：其能够绘制一张动态、清晰、全面的企业数字化网络拓扑，如图5-10所示。我们可以对企业A的8000多台物理网元进行统一展示，实现了从多地多中心到数据中心内，再到Fabric内L2、L3、协议层的多级网络拓扑可视。

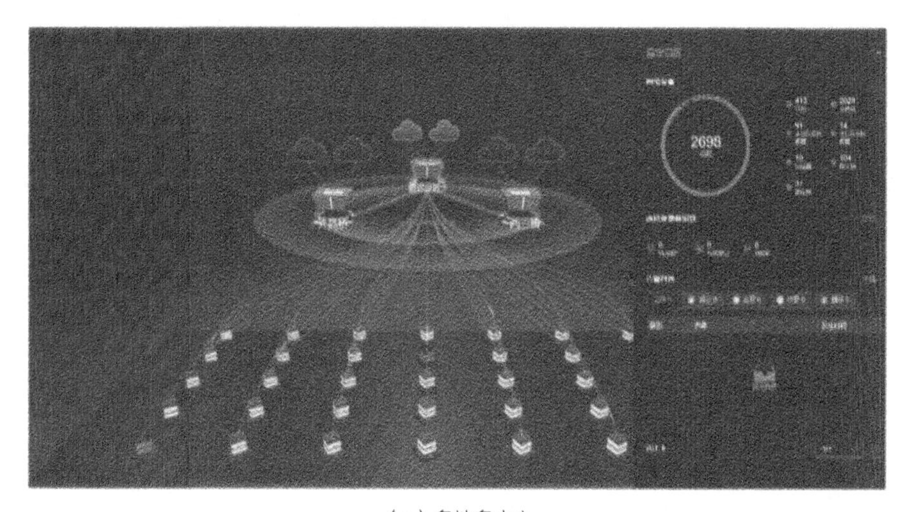

（a）多地多中心

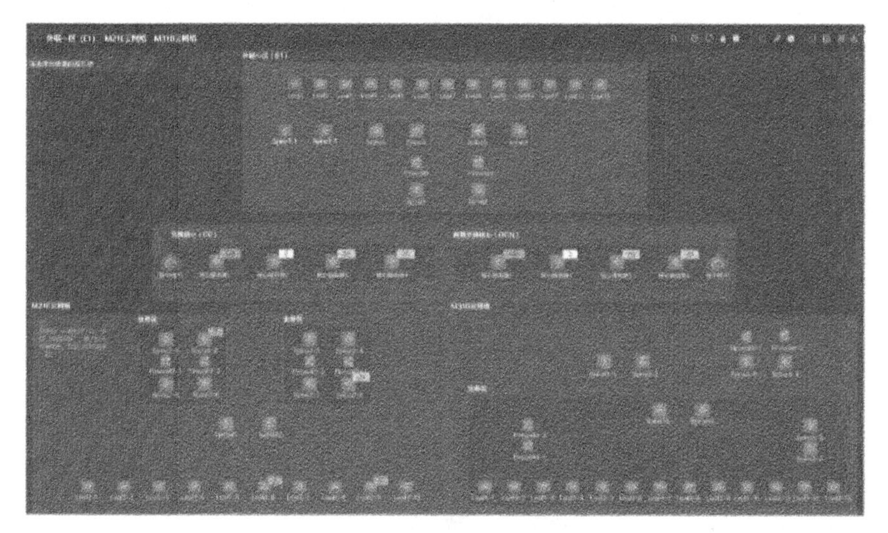

（b）数据中心内

图 5-10　数字化网络拓扑

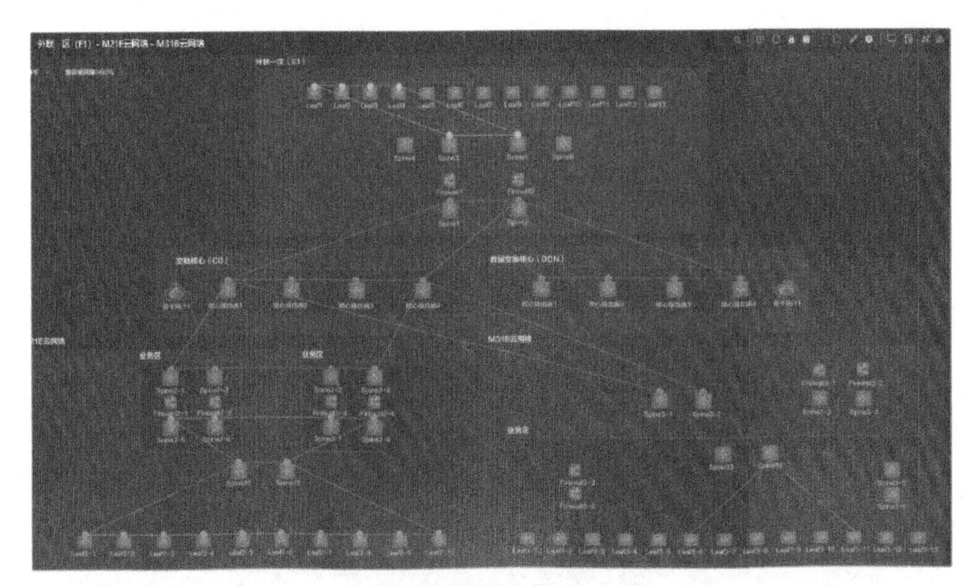

（c）Fabric内

图 5-10　数字化网络拓扑（续）

我们还基于这张数字地图叠加了路径追踪、应用追踪等功能。只要用户输入源IP地址与目的IP地址，或者源服务名称与目的服务名称，系统就可以自动绘制出互访路径，如图5-11所示。

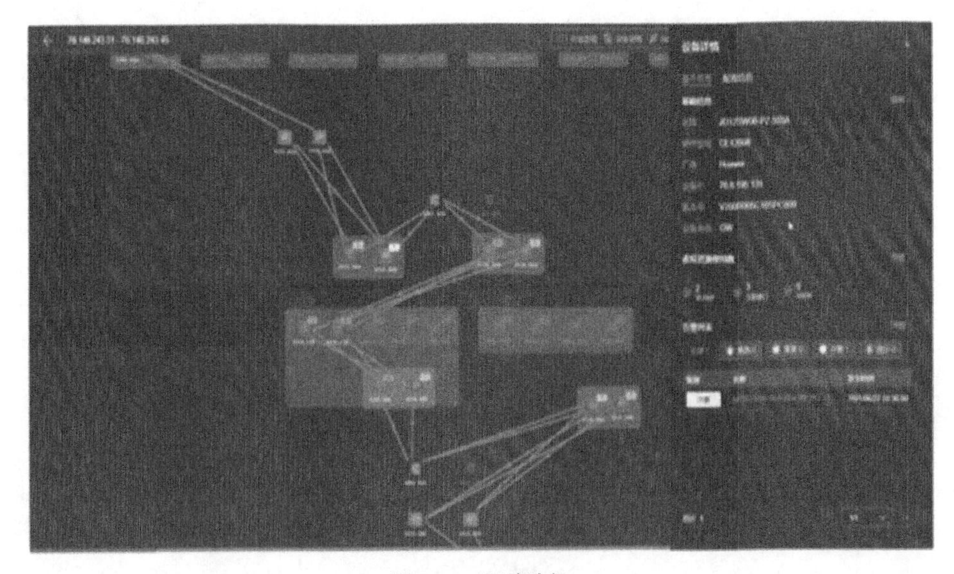

图 5-11　互访路径

5.4.3　重构：网络资源管理

除了网络拓扑可视化之外，我们还基于CMDB构建了第二个核心App——动态资源分配App，重新确定了企业A的网络资源分配方式，实现了资源的动态管理与定制化分配，如图5-12所示。

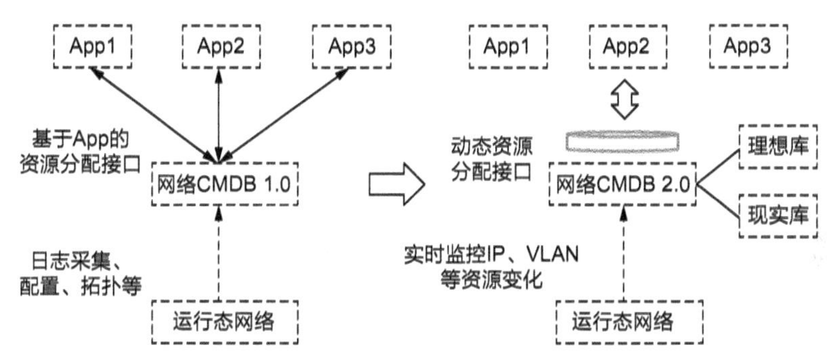

图 5-12　动态资源分配

我们在CMDB 2.0的数据之上构筑了一层可动态定义的资源分配网关，允许用户基于不同的App需求动态定义资源申请接口。同时，提出了“轻网络CMDB”的理念，即让网络CMDB回归其本质的SSOT功能，而不是将CMDB与很多复杂功能进行绑定。在数据库内，我们分别定义了理想库与现实库，分别对应企业用户认为的网络资源使用情况和实际采集的网络资源使用情况，并定期进行对账，大大缓解了对“谁申请，谁释放”这一规则的依赖。

除了这两个App外，一个牢固的网络CMDB底座还有很多好处，下面将详细介绍基于这个底座所构建的下一代网络监控系统。

| 5.5　“控”：面向服务，敏捷而生 |

在过去20多年的时间里，网络自动化控制领域的演进过程分为工具化、平台化、服务化、智能化几个阶段，如表5-6所示。

表 5-6　网络自动化控制领域的演进趋势

发展阶段	关键特征
工具化（L1）	• 基于 CLI； • 脚本生成工具； • 设备批量配置工具； • 运维信息表格； • 变更批量检查； • 设备巡检工具
平台化（L2：当前阶段）	• 基于 API； • 场景化的 SDN 控制器； • 数据生产者和消费者架构； • 统一整合工具界面； • 网络功能虚拟化
服务化（L3：改造目标）	• 基于网络服务； • 智能业务流程管理（intelligent Business Process Management，iBPM）网络服务灵活组装编排，快速发布微服务架构； • 面向服务的 API； • 网络 DevOps
智能化（L4）	• 基于 AI 学习、算法； • 机器人流程自动化（Robotic Process Automation，RPA）； • 面向用户意图的接口； • 意图网络

对于大部分企业用户，通过引入丰富的网络自动化组件，可以实现特定区域、特定场景的自动化，但是区域与区域之间的自动化方式、网络形态、厂商都不一样，导致各个区域自动化能力参差不齐。而且，极少有人愿意解决这些沉积的“隐患”，以至于面对企业IT整体服务化转型时，网络的转型进退两难。不解决底层标准化的问题，就难以实现网络整体的快速服务化交付，而标准化又意味着整改现有的自动化体系。如何在不降低当前自动化能力的前提下平滑实现网络服务化交付，变成了一个令人头痛的问题。

企业A也不例外，如何基于现有架构进行网络服务化转型？如何解决各网络区域自动化水平参差不齐的问题？如何保证网络变更不出错？如何将“人为干扰”踢出网络变更的流程？下面将逐一回答这些问题。

5.5.1　统一网络配置模型

大部分做过网络自动化运维的企业用户可能都知道，欲做网络自动化，先做网络标准化。因此，我们对企业A网络运维进行服务化转型的第一件事就是“打地基”。通过抽象建模，构建一层与厂商配置无关的标准化网元配置模型，包括交换机/路由器/防火墙配置模型、负载均衡设备配置模型、NFV虚拟网络逻辑模型等，覆盖了企业A日常运维能接触到的所有基本元素。图5-13所示为交换机标准化配置模型样例，包含各类接口、路由、策略、L2组件、L3组件等配置。

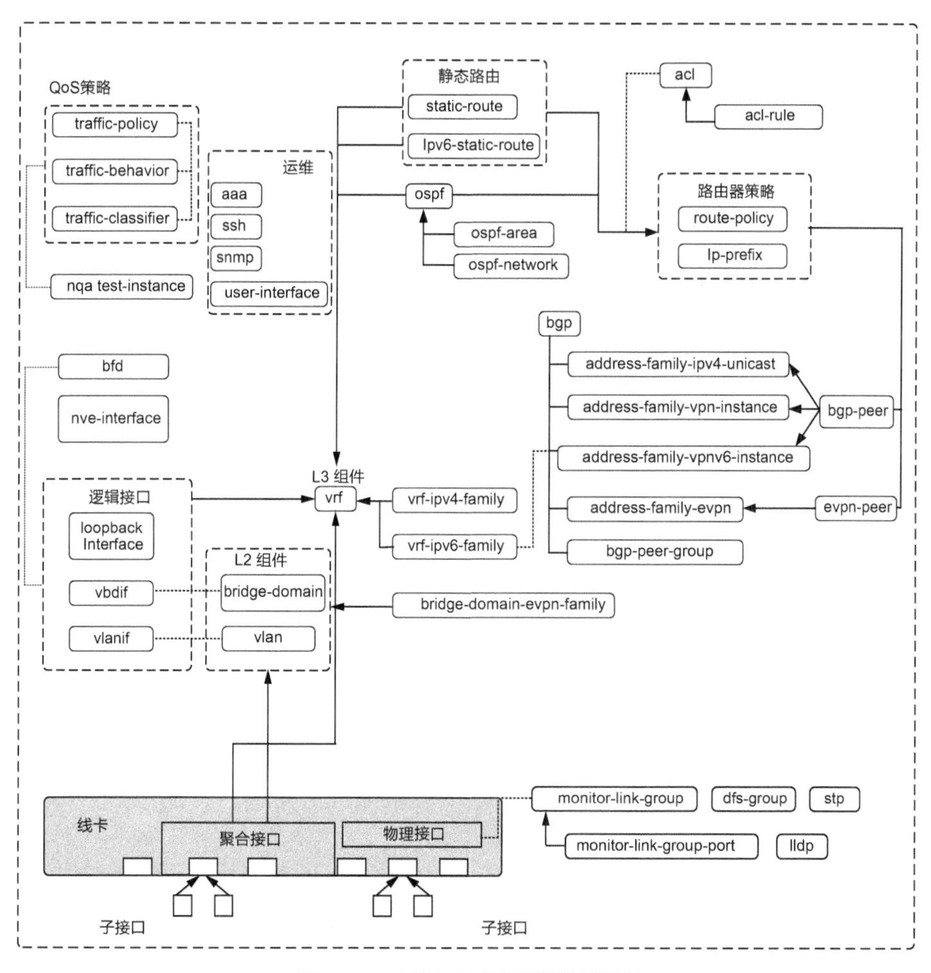

图 5-13　交换机标准化配置模型样例

完成了标准化网元配置模型的抽象和定义后，我们再给企业A引入一套网络自动化中台框架，如图5-14所示。这套框架通过一套Low-Code的开发模式，帮助企业A完成通用网元模型的YANG向相关厂商设备的NETCONF YANG或者CLI的转换过程，同时也具备原子模型的创建、查询、更新和删除接口能力。其实，不仅在面对物理网络设备配置时如此，在面对越来越多的SDN/NFV网络时，依然可以基于这套思路构建一套通用的云网络原子模型。如此一来，整个网络的差异化控制能力转换成了一层原子颗粒的网络服务能力，为后续的复杂企业业务场景化开发铺平了道路。

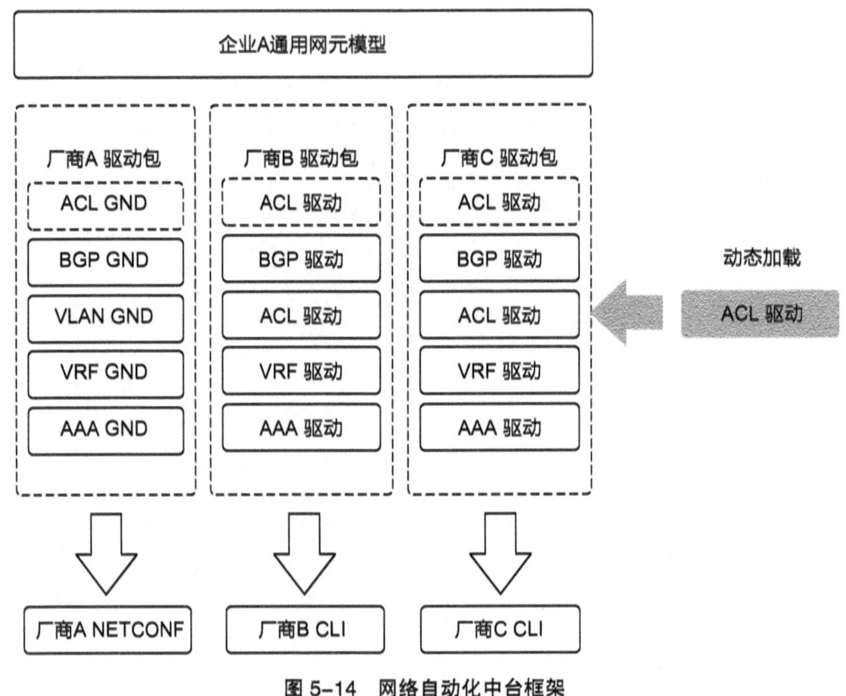

图 5-14　网络自动化中台框架

5.5.2　网络服务化

完成了网络配置的标准建模后，我们来介绍一下网络服务化架构的搭建。那么，网络服务化与网络平台化的核心区别是什么？

简单地说，网络平台化是指在指定场景下，针对指定的设备，提供指定的服务，解决确定性的问题，是基于场景的“烟囱式”架构。而网络服务化的产生参考了“乐高积木”的想法，通过灵活组装，可解决现阶段企业网络众多的不确定性问题，是基于组件化服务拼接的架构。

企业A的上一代网络自动化架构是典型的工具化与平台化共存的场景，如图5-15所示。部分区域使用Ansible工具进行了零碎功能的自动化，还有部分区域使用从厂商购买的控制器实现了配置自动化，但大部分场景依然需要人工分解工单。

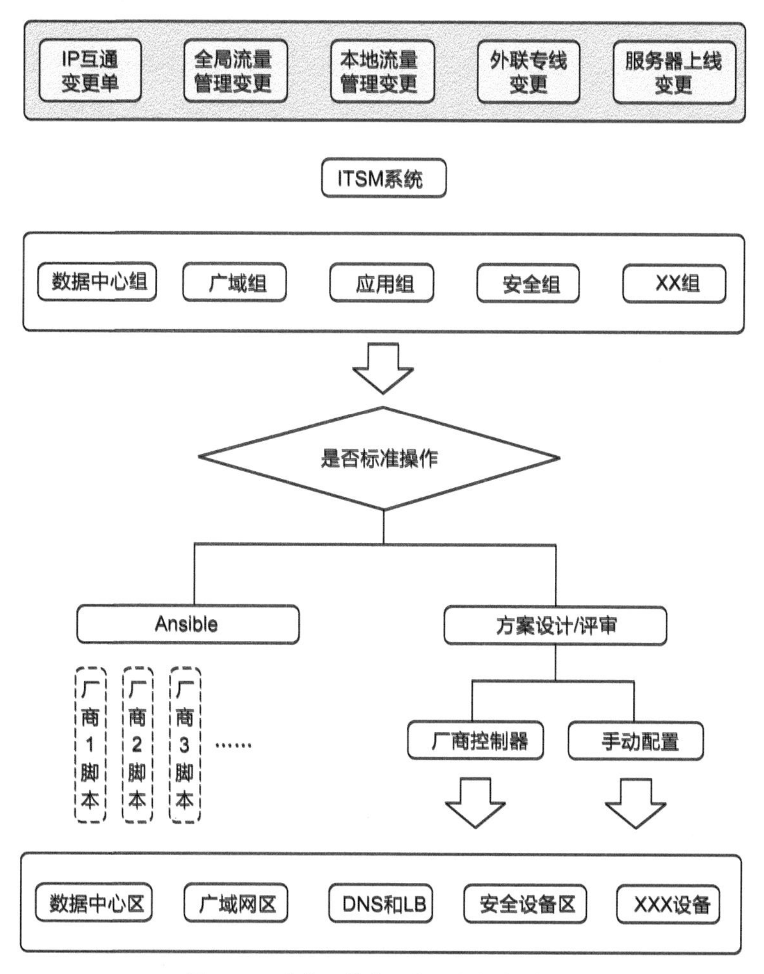

图 5-15　企业 A 的上一代网络自动化架构

企业A在过去几年曾多次尝试实现网络运维DevOps，但是全都不了了之。通过总结分析，得出以下几个失败原因。

- 失败原因1：过于依赖网络运维人员的编码能力，要求运维人员既具备编码能力，又具备网络业务知识。
- 失败原因2：网络需求相较过去，除了数量上的增多，不确定性也急剧增加，导致辛苦开发的运维场景很快被淘汰。
- 失败原因3：网络自动化不仅取决于自动化组件，更取决于整体的网络运维水平，即网络CMDB的准确性、告警的精准度、网络其他服务的封装程度，这些都直接决定了网络自动化的可用性。

基于以上总结，我们帮助企业A规划了图5-16所示的新一代网络服务化架构。整体架构包含网络服务目录、服务化组件和场景化编排平台3部分。

- 针对失败原因1，将网络DevOps分成两层，即底层和上层。底层使用统一网络配置模型提供设备原子配置服务，由服务或集成商提供驱动的开发能力，这部分的技能模型总结自普通的代码开发人员，不再要求运维人员具备编码能力。上层构建了专为网络量身定制的iBPM编排引擎，让熟悉企业业务的网络运维人员基于原子积木快速编排场景，并动态生成API与ITSM对接，将开发的业务快速发布至网络服务目录，然后给最终用户使用。
- 针对失败原因2，由于iBPM的存在，用户可以灵活地基于变化的场景动态调整编排逻辑，重新发布服务，提升业务的敏捷性。
- 针对失败原因3，除了自动化体系，对管理与控制域的能力也进行了服务化封装，3个维度齐头并进，将网络自动化提升到了新的阶段。

至此，企业A的新一代网络服务化架构基本搭建完成。

网络服务目录	服务示例			
DAY0（物理网络）服务目录	Leaf扩容	服务器上下线	服务器搬迁	—
DAY1（业务网络）基础服务目录	业务网络开通	DNS	业务网络负载均衡服务	网络访问策略
DAY1（业务网络）高级服务目录	XX交易类型业务开通	XX互联网业务开通	XX专线业务开通	XX域间网络开通
DAY2（运维排障）服务目录	IP互通诊断	XX业务重点保障	—	—

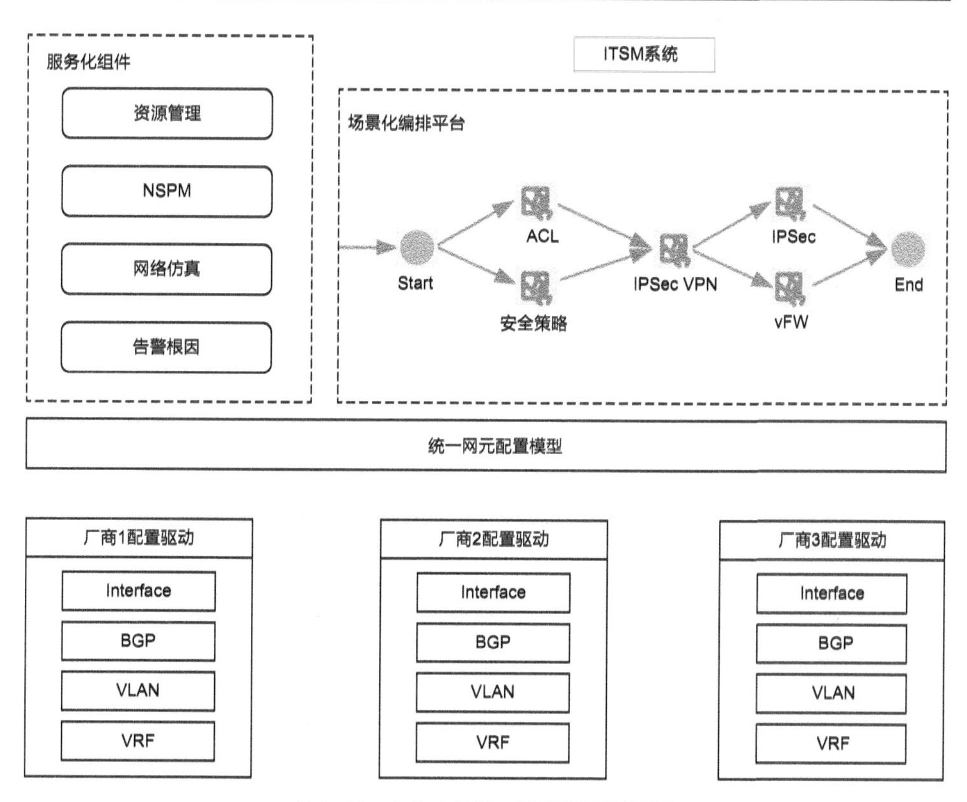

图 5-16　企业 A 的新一代网络服务化架构

5.5.3　网络自动化与仿真结合

如果你是一位资深的网络运维人员或网络部负责人，那一定遇到过以下的问题。当网络规模达到一定程度后，不得不把网络划分成不同的区域，然后分配给不同的人去管理。过了一段时间后，你会逐渐发现没有人熟悉网络的全景，网络变更也逐渐变成了“开盲盒”的行为。所有人在进行网络变更时，都只能确保自己负责的那片区域不出问题，对整体网络业务的影响无法确定。于是，公司开始构建各种各样的配置变更流程规范，比如操作互检、高危评审等，但往往收效甚微。

为了解决这类问题，业界逐渐衍生出了网络仿真这个细分领域，它取代了过去常用的网络配置审计工具，更直接地面向用户的网络意图，实施变更前的意图保障。图5-17示出了企业A将网络仿真能力与变更自动化平台组合形成的一个方案。

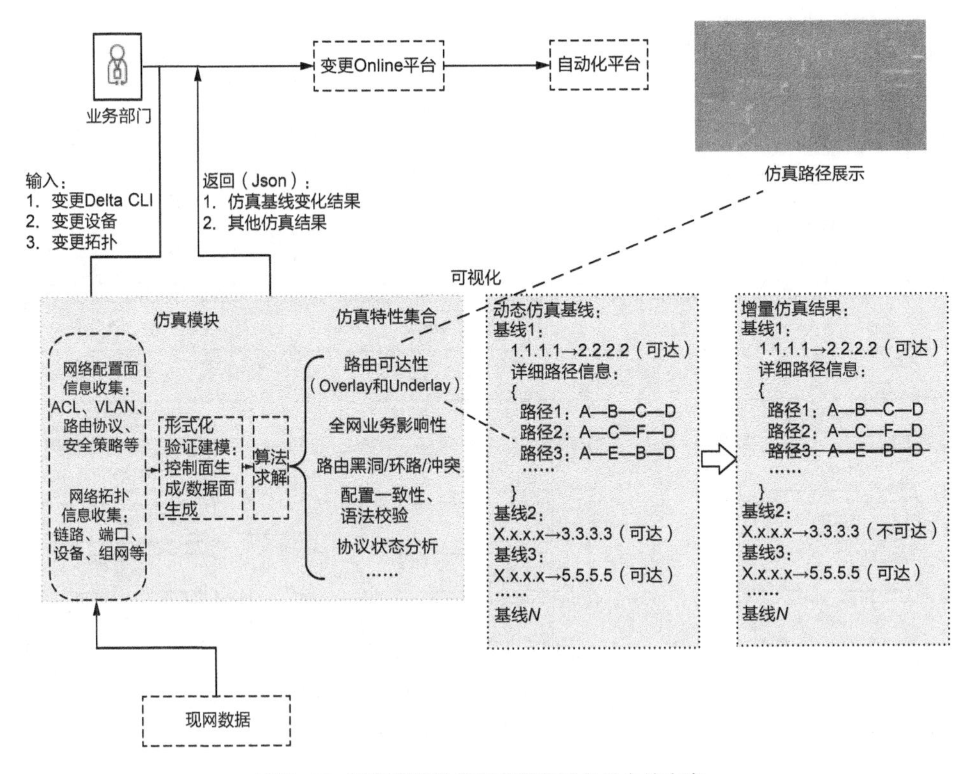

图 5-17　基于网络仿真与变更自动化平台的方案

网络仿真的主要流程如下。

- 数据收集：仿真模块对接网络后，会对用户网络数据（包括设备的配置、拓扑等）进行全量采集。
- 黄金基线构建：用户输入网络中需要保障的互访通信对，仿真系统在健康状态下基于这个通信对记录黄金基线。

- 变更输入：用户每次变更前，先通过变更平台生成网络变更脚本，将变化的配置、变更的设备、变更的拓扑输入仿真模块。
- 增量建模：仿真模块会叠加现网配置和变更配置，重新进行网络建模，生成虚拟路由表。
- 仿真结果输出：各类仿真算法会基于新生成的虚拟路由表进行路由冲突、环路、黑洞等的计算，并且会对前面记录的需要保障的互访通信矩阵逐条进行路由可达性校验。得出的结果会与黄金基线中的记录进行对比，最终将整体结果返回给变更系统。

从企业A引入仿真系统以后的实际效果来看，每1000个工单的人为故障占比从8.6%下降到了0.1%，人为互检消耗时间从平均每张工单30 min缩短到了1 min以内，显著提升了用户网络变更的安全性，尤其是应对一些非常规操作的网络变更时，效果更加显著。

第6章 探索企业自动驾驶网络的发展方向

当前企业自动驾驶网络处于L3～L4的发展阶段，未来还将向高级智能持续演进，可以在更加复杂的跨域环境中，面向多业务实现全生命周期的闭环自动化能力，最终实现L5完全自动驾驶网络。但在演进的过程中，随着未来企业网络的发展，企业自动驾驶网络也可以同步探索一些新的业务创新方向，不断丰富企业的自智能力。本章基于企业网络的发展新趋势，介绍企业自动驾驶网络未来的业务发展方向。

6.1 产业新趋势

本节将介绍企业网络发展的两个重要方向：一个是从本地到云化，另一个是从运维到运营。

6.1.1 从本地到云化

随着全球数字化的普及，可以期待未来企业所有资源通过全球网络连通，那么数字化企业网络将很有可能会逐步演进为如图6-1所示的架构。显而易见，对企业网络的要求也将从单纯的网络连通演进到对用户权限、终端行为、安全防御、应用体验等多个方面进行控制和保障。以不同规模的企业为例，有以下几种变化方向。

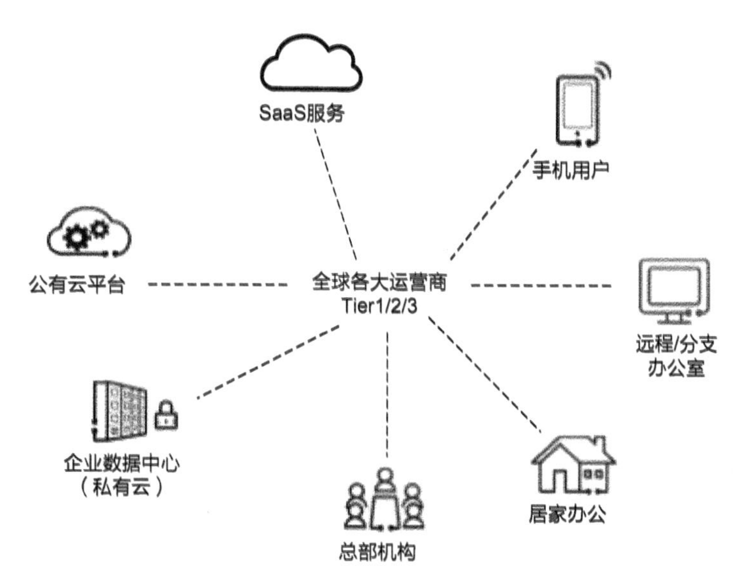

图 6-1　未来数字化企业网络架构

- 大型企业：比如金融、互联网企业等，视网络为其数字化转型的核心要素。此类企业一般自建私有云和骨干网，强调完全自主可控，其网络基础设施一般以私有云为中心向外延展。
- 中型企业：比如教育、医疗、制造等行业的企业，虽然也自建数据中心，但规模相对较小（通常几百台），主要用于培训、实验，或少量对外应用，一般希望在园区管理中兼顾对数据中心的管理。此类企业以园区网络为其发展的起点，同时对安全护网有比较高的要求。
- 小型企业：比如零售、连锁企业等，此类企业一般整体处于数字化上升阶段，视网络为成本，希望轻资产，普遍不自建独立的数据中心，企业中也大量采用公有云服务，对网络的诉求是实时在线、业务无感，追求运维极简，甚至网络托管，同时需要提供用户准入和国家安全监管的合规检查。
- 居家办公（Small Office Home Office，SOHO）：此类场景对网络的诉求主要强调低成本、快速开通、稳定高效，希望将网络的建设和维护完全委托出去，同时能够增强对IoT设备的管理。

虽然从规模和成本角度考虑，不同类型企业关注的网络架构侧重点不尽相同，但是在数字化转型的过程中，企业一致认可大数据将成为核心竞争力这一点。企业需要打通总部、分支、外联等协作单位之间的网络互联，使数据能在企业内部高效流通。如图6-2所示，该基础架构采用了多云多网方式，同时结合模块化设计理念，实现了各网络模块的松耦合和极简部署。用户可以根据实际业务需求建设网络，以应对未来业务的大规模以及复杂部署。

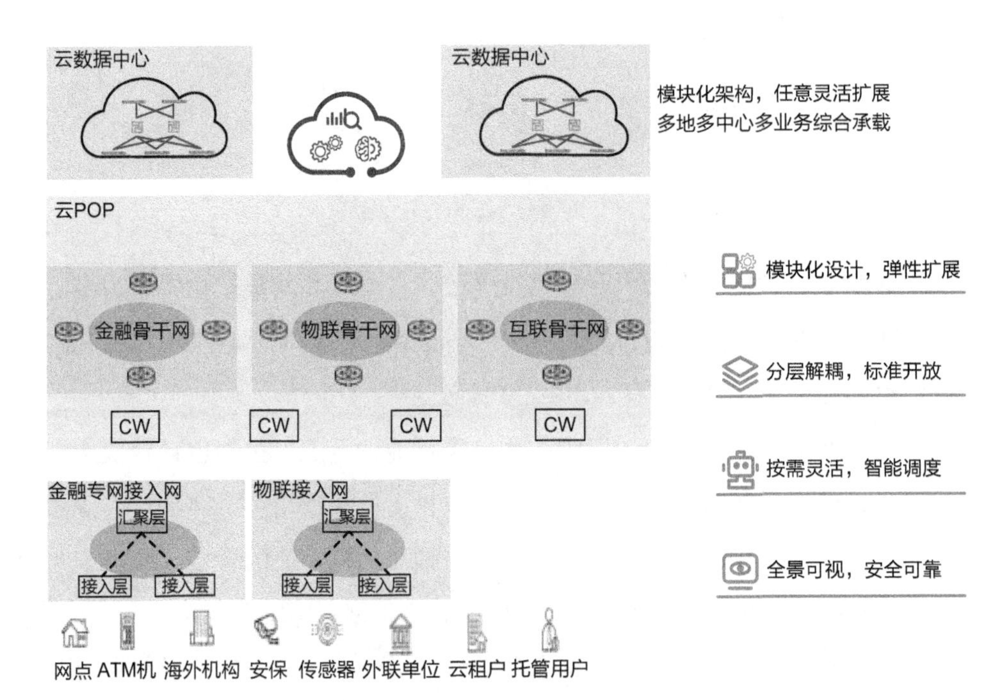

图 6-2 企业多云多网基础架构

（1）云数据中心网络

不管是私有云还是公有云业务的数据中心网络，均采用标准化Fabric进行统一组网，实现云端资源池化和虚拟化，资源可弹性扩缩。

（2）云骨干网

云骨干网可自规划建设为金融骨干网、物联骨干网和互联骨干网，各类业务可按需在3张网络上进行灵活调度。云骨干网基于当前实际需求，又可以分为“核心骨干网+一级骨干网”两层部署，核心骨干网采用Full Mesh或者Partial Mesh标准组网，一级骨干网按需连接到核心骨干。

（3）云POP

云POP作为所有资源或访问的接入点，提供了类似“插座”的功能，通过定义标准的网关，实现各类业务的灵活接入访问。后续可以基于新的业务需求定义新的网关类型，具备非常好的扩展性。

（4）云接入网

云接入网按照业务接入属性，分为金融专网接入网和物联接入网，逻辑上仍然采用“汇聚层+接入层”两层架构部署。

6.1.2　从运维到运营

数字化浪潮裹挟着云计算、运维大数据、运维知识图谱等新理念、新技术不断前进发展，但企业网络运维多年来仍以“生存”为主要目标、以“稳”为主要形态。未来，越来越多的企业将走出这个解决基本生存需求的阶段，从“被动维持”走向“主动经营”，追求如何“生活”。但怎样才叫“生活”呢？换言之，网络运营追求的目标是什么？比运维多了什么？

首先，我们可以对照人类的马斯洛需要层次理论模型，类比出企业对网络运维的需求模型，如图6-3所示。

（1）生存需求

生存需求是最基本的需求。对企业而言，对网络管理最基本的需求就是网络管理系统可以稳定运行，从而确保业务的连续运转。2012年5月15日，国际标准化组织（International Organization for Standardization，ISO）正式发布了业务连续性管理（Business Continuity Management，BCM）的国际标准ISO 22301。业务连续性管理正受到各行各业的高度重视，越来越多的行业和机构将业务连续性管理工作纳入日常运营管理的工作范围。现今，已有更多的行业监管部门发布适合自己行业的业务连续性监管指引，指导各行业的业务连续性管理工作，从而提升整个国家和社会的风险防范水平。

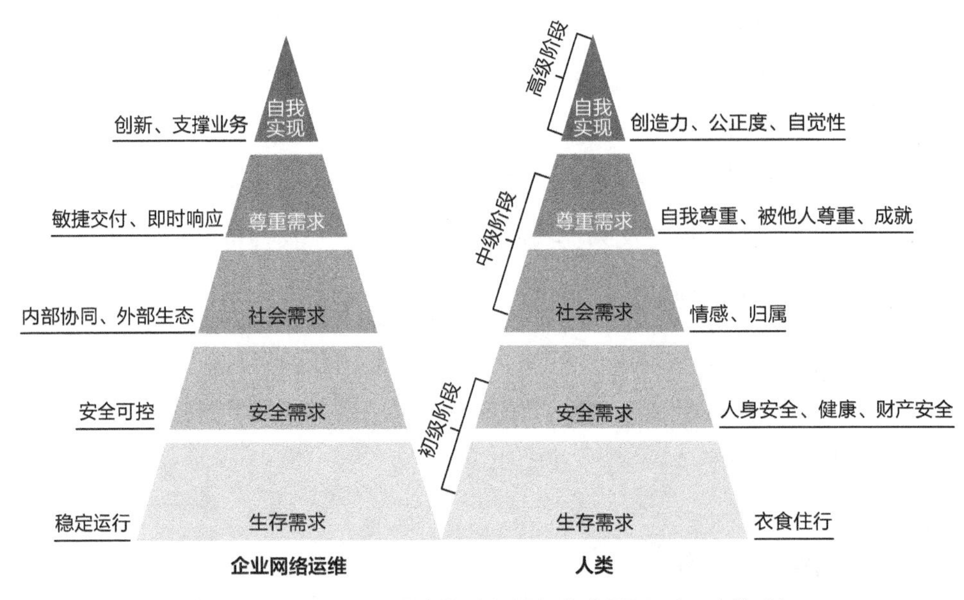

图 6-3　企业网络运维需求模型（对照马斯洛需要层次理论模型）

（2）安全需求

安全需求聚焦于网络管理系统的安全可控。

网络安全不仅影响到企业的切身利益，还关系到一个国家和民族的安全，因此所有机构和组织都将安全防护提升到了战略高度。我国在2007年制定了《信息安全等级保护管理办法》（公通字[2007]43号文件），标志着等级保护1.0正式启动。2017年，《中华人民共和国网络安全法》正式实施，标志着等级保护2.0开始启动。《中华人民共和国网络安全法》明确提出，“国家实行网络安全等级保护制度”（第二十一条），“国家对公共通信和信息服务、能源、交通、水利、金融、公共服务、电子政务等重要行业和领域，以及其他一旦遭到破坏、丧失功能或者数据泄露，可能严重危害国家安全、国计民生、公共利益的关键信息基础设施，在网络安全等级保护制度的基础上，实行重点保护”（第三十一条）。上述要求为网络安全等级保护赋予了新的含义，重新调整和修订了等级保护1.0标准体系。配合相关网络安全法律法规的实施和落地，指导用户按照网络安全等级保护制度的新要求，履行网络安全保护义务的意义重大。

（3）社会需求

社会需求聚焦于网络管理系统的内部协同和外部生态。

在传统的IT基础设施管理过程中，许多企业都受到一个大瓶颈的困扰：应用开发人员和IT运维人员很难在企业内部频繁的软件变更中保持同步，导致企业难以跟上技术环境的变化。开发和运维两个部门各自的工作优先级不同、工作流程差异和一系列“周而复始”的手动流程，往往使两个部门陷入困境，导致应用变更实施速度缓慢。甚至在IT运维团队内部（如系统团队、网络团队、平台团队、一线运营团队、安全团队等之间）也存在较高的“部门墙”。

但是IT团队存在的意义在于为业务创造价值，那势必需要大量的内部沟通和外部协调。应用投产上线时，需要开发人员提交软件代码包、配置手册、容量评估计划及互访关系等，应用管理人员根据架构申请服务器，系统管理人员提供服务器并申请网络资源，网络管理人员开通网络；网络做完一次常规变更后，需要应用团队验证业务是否正常；服务器资源池扩容时，系统团队需要跟网络人员申请IP地址段；应急排查过程中，网络人员需要应用团队提供业务交易路径，应用人员需要系统团队提供服务器性能指标，系统人员需要网络团队提供丢包、时延等性能指标。

在业务要求越来越高的今天，应用系统投产不应是一个“交钥匙”工程。要保证后续运维不出事，运维人员应主动参与开发项目的不同阶段，促使开发与运维“无缝连接”，真正实现DevOps全流程一体化。也就是说，网络管理要融入企业产品的全生命周期中，在不同阶段发挥不同的作用。

（4）尊重需求

尊重需求聚焦于网络管理系统的敏捷交付和即时响应。

云计算、SDN、大数据等技术让企业网络蓬勃发展，但对网络运维人员来讲，以前管理几台设备，现在却变成了管理数十台或上百台不同种类的设备。另外，随着虚拟化、分布式、服务网格等技术逐渐成熟稳定，计算、存储、网络、安全资源的界限越来越模糊，传统的网络运维人员需要不断地学习新技术、补充新知识。同时，上层应用又在不断地升级迭代，需要网络的即时响应来满足应用敏捷发布的需求。但是由于网络自身的复杂性和不确定性，频繁变更往往会给存量应用带来负面的影响。这种传统的稳定与创新的敏捷之间的矛盾，导致企业内部应用开发团队和网络管理团队之间发生着激烈的碰撞。如何有效平衡，是当代所有企业面临的主要问题之一。既要保证业务的安全稳定运行，又要满足创新的敏捷投产需求，这需要从文化上、技术上、流程上、工具上进行全局设计，疏导网络管理团队进行组织变革，通过提高网络管理的SLA水平，赢得企业内部的广泛认可和尊重。

（5）自我实现

自我实现聚焦于网络管理系统的创新和对上层业务的支撑。

Gartner在2016年定义了新类别AIOps，并于2017年调整为Artificial Intelligence for Operations（基于AI的IT运维），即智能运维。在复杂的运维场景中，AIOps可以给海量的运维数据选择合适的AI算法或者算法组合作为决策，解决运维过程中存在的各种问题，快速执行各种时效性强、压力非常大的任务。

AIOps有以下两个关键的部分。

- 监控系统：负责采集各类运维监控数据（如日志、性能、应用信息等），全面感知业务系统状态。
- 自动化工具：负责执行一系列逻辑确定的操作，如重启、扩容、迁移等。AIOps以监控数据作为输入，进行实时计算、异常检测、故障发现、故障预测等，并根据计算结果做出实时的运维决策，调用自动化工具执行对应的操作以解决故障问题，实现运维过程的闭环。

未来，AIOps可借助AI算法的技术优势，将原先人工需要几小时完成的任务缩短至几秒内完成，并且能够获得更好的结果。AIOps的最终目标是增加AI在运维决策中的比例，乃至达成基于AIOps的无人运维。我们相信最终目标的实现必将给网络管理带来革命性的影响。

综上分析，我们可以把企业对网络管理的需求再做进一步归纳和总结。

生存需求和安全需求对应运维阶段，社会需求、尊重需求和自我实现合并对应运营阶段。

网络运营与网络运维的最大区别是面向的网络基础设施不同。运营更多的是面向业务、面向服务，本质上是面向人。让网络从“生存”到“生活”，重点从维稳走向经营业务价值，意味着企业网络管理要更加精细化、自动化和智能化，同时需要建立多样化的数据采集、多维度的数据分析、多层次的数据挖掘和全方位的数据可视化能力。网络运营的架构也将不断发展和变化，以满足其在客户体验、运营效率、成本效益等方面的更多要求。

从网络运维到网络运营的转变，标志着企业网络成熟度的提升，把网络管理本身当作业务来运营，以客户为中心，关注客户体验，提高运营效率和成本收益。

时至今日，从全局角度来看，可以说企业网络已经站在了从运维到运营的一个重要拐点上，从单点网络运维转变成面向数字化平台的运营，这正是达成企业数字化转型的捷径。

6.2　业务新变化

从上面两个发展趋势可以看出，企业网络有无限的发展潜力，这也为企业自动驾驶网络带来了许多创新的业务应用。而业务创新的基础是一个企业全局视角的数字化网络空间，数字空间越完善，对使用者的价值就越大，其中包括以下两个关键维度。

- 横向范围延伸：从网络向用户、物联、应用延伸。其中网络包括园区有线/无线网络、多厂商异构、边界防火墙、边界出口、接入网、云骨干网、私有云；用户包括固定用户和移动办公用户；IoT设备包括摄像头、大屏、城市灯杆、水利灯杆等；应用则包括私有云应用、公有云应用、公共SaaS应用。

- 纵向能力突破：从面向网络层面的规、建、维、优，突破到资产管理、安全管理、体验保障和行业应用。

这两个关键维度做得越完善，企业ICT的数字化能力就越高，业务创新能力也就越强。下面介绍几个具体的业务创新。

6.2.1 资产一体化管理

近几年，住建部提出了“多杆合一”清除城市“蜘蛛网”的要求。工信部等部门2021年印发的《物联网新型基础设施建设三年行动计划》，提出“突破一批制约物联网发展的关键共性技术，培育一批示范带头作用强的物联网建设主体和运营主体，催生一批可复制、可推广、可持续的运营服务模式，导出一批赋能作用显著、综合效益优良的行业应用，构建一套健全完善的物联网标准和安全保障体系”。当前多个省、自治区、直辖市相继出台了相关政策，要求推动本地智慧灯杆建设和发展，并逐步推出由本地运营公司来做城市感知网运维与运营的方式。

以城市物联场景为例，当前客户的典型痛点是大量物联灯杆分散在城市各个角落，造成物联资产的资本支出和OPEX居高不下，无法匹配本地运营公司的诉求。为了匹配资产一体化管理的诉求，各种场景下的企业网络也出现了新变化。

（1）场景1：端网整体管理，运营运维一体化

关键挑战：城市物联资产型号众多，与网络管理割裂，物联资产的全生命周期无统一管理入口，导致安装运维管理成本高，安全风险不可控。

方案介绍：提供整体的终端发现、终端识别、主动接入认证，状态监控、伪冒异常行为分析和资产本身的漏洞风险评估。

（2）场景2：零信任物联感知网

关键挑战：抵御黑客近端攻击。将物联灯杆嵌入城市物联网，通过南北向和东西向的攻击，控制城市大屏，展示非法内容。

方案介绍：建立物联资产台账管理平台，零信任根据终端身份、指纹、流行为，合规动态地向物联网设备授权访问网络资源的权限，确保实时安全。

（3）场景3：杆车联动，无感支付

关键挑战：市政道路规划路边停车。通过多功能智慧灯杆联动，提升覆盖率，规避停车漏费问题，提升市民体验。

方案介绍：网络提供灯杆物联网设备的管理能力，同时提供数据的网络回传能力，联动上层应用，提供一站式的停车服务，同时方案中增加物联网设备的端到端安全管理，包括接入安全、数据安全、行为安全能力。

（4）场景4：城市资产管理，视频值守

关键挑战：城市井盖、水浸传感等公共设施的管理。

方案介绍：井盖安装检测器检测、物联网接入城市资产网络、视频摄像头监控值守关键区域，通过物联网数据和摄像头视频数据，综合上层应用分析，起到联动提醒的作用。

6.2.2 用户体验保障

随着数字化的发展，移动互联网占据了企业经营业务所涉及的大部分流量，用户可以随时随地接入企业业务，这种频繁的交互依赖于便捷可靠的用户旅程。企业自动驾驶网络技术的终极目标之一就是打造极致的用户体验，更好、更快、更智能化地满足用户需求。显然，这不仅要求后端所有业务流程都能高效、准确地运行，还要求前端用户侧的程序以及中间的网络稳定运行。一旦用户体验出现了异常，自动驾驶网络能够迅速感知、识别、定位并及时处置问题。

例如，用户访问企业业务时，访问过程通常分为3个阶段，即页面生产时（服务器端状态）、页面加载时和页面运行时。为了保证线上业务稳定运行，通常会在服务器端对业务运行状态进行监控，而页面加载和页面运行时的状态监控则比较欠缺。主要原因是对前端监控的重视不足，认为服务端的监控可以部分替代前端监控。这种想法会导致系统在线上运行时，无法感知用户访问系统时的具体情况，因而定位线上用户偶现的前端问题变得非常困难。

数字体验监控（Digital Experience Monitoring，DEM）是一个实时监控前端业务的用户体验保障工具。它通过监控数据流量、用户行为和许多其他因素，识别导致停机或用户体验中断的任何漏洞，如页面加载时间缓慢等问题，保障企业业务顺利运行。同时，通过评估影响性能问题的根本原因，提供建议性的解决方案。DEM监控的内容一般包括如下几项。

（1）实时Web用户体验

支持计算基于Web应用程序的终端用户性能和可用性，查看页面视图，计算所有接收到的请求平均响应时长、吞吐量和地理位置。当性能低于应用程序SLA时，深入研究应用程序问题。

（2）响应时长透视

支持监控Web页面载入速度、载入花费的时长，分析问题发生位置（在服务器端、网络传输中还是前端），分析各个用户请求的响应时长，以确定导致应用性能问题的因素。根据使用率数据（如用户响应时长、重定向时长、DNS解析时长、服务器连接时长等）优化Web应用程序。

（3）全局终端用户体验和会话

支持跟踪Web事务响应时间，例如在何处花费的时间最多，以及哪些事务的运行速度最慢。使用应用性能指数（Application Performance Index，Apdex）得分标准来了解网站上客户的满意度详情，并确定不同地点的满意度趋势。了解有多少用户的页面载入速度较快、多少用户遇到中等程度的延迟，以及多少用户的体验极差。

（4）浏览器、设备和ISP性能

了解各种浏览器和设备对网页性能的影响。在不同设备、浏览器类型/版本下，监控用户体验和页面载入时间。确定用户的图像信号处理（Image Signal Processing，ISP）是否影响云端应用程序的性能。通过分析每个客户端请求的端到端事务时长和吞吐量，改善用户体验。

（5）错误和性能瓶颈的详细信息

通过设备和浏览器类型，获取 Web 应用程序中任何错误的详细信息，包括错误类型和错误数量。微调页面布局，以改善Web应用程序的浏览器端性能。通过文档处理时长和页面渲染时长指标，显示Web浏览器解析超文本标记语言（Hypertext Markup Language，HTML）和JavaScript元素所花费的时间。

6.2.3　企业 SaaS 应用

SaaS的概念源于云计算领域，其本质是软件即服务。在早期软件业，如果企业A需要销售系统，软件公司根据企业A的需求开发销售系统；如果企业B也需要该系统，软件公司根据企业B的需求调整系统。当多个企业同时有需求时，软件公司为每个企业定制开发系统并进行私有化，然后部署到企业平台上。这是一种非常低效且浪费人力、物力的软件交付模式。随着云计算技术的发展，SaaS软件交付模式逐渐有了变化，主要包括以下4个阶段。

- 终端设备：通过远程终端访问集中式的主机机房，来处理或获取业务的信息和数据。
- C/S应用：即客户端/服务器的访问模式。通过桌面客户端访问独立服务器，处理或获取业务信息和数据。这是早期开发者和用户在局域网中常用的一种应用架构。
- 网页托管：通过网页托管访问分布式服务器，来处理或获取业务的信息和数据，也就是所谓的应用程序服务提供商。这时已经出现了诸如多租户、应用共享、订阅收费等形式，有一点SaaS的雏形。
- 云原生应用：通过云原生应用，访问由软件定义的、虚拟化的服务器，也就是今天的SaaS模式。

全面拥抱数字化的当下，软件云化的概念已经渗入人们的生活。SaaS理念就是将各种软件移动到云端，即构建“软件企业集中维护”的系统，以适配多家企业使用。这种SaaS模式对企业来说，一般有以下几个特征。

- 云部署：SaaS是基于云服务的应用型产品，所以整个产品不适用传统软件的本地部署模式。
- 支付方式灵活：传统模式下，企业不仅要一次性支付购买软件和硬件的费用，通常还要为软件维护和更新付费。而SaaS商业模式采用一种特殊的定价结构，允许用户在订阅的基础上访问和使用软件，这意味着，用户不是直接支付软件的费用，而是按月或按年支付费用来使用该软件。这种支付模式的灵活性，对现在竞争激烈的许多企业来说，是很有吸引力的，因为它们只支付所需资源的使用费用。
- 具有可扩展性：基于云的SaaS能够使企业轻松扩展业务能力，企业可以选择自己想要的功能和类型。
- 具有持续服务能力：SaaS提供商帮助企业管理软件，同时随着时间推移还能开发新功能，因此企业不必在这个特定业务领域投入大量的时间。
- 提供无障碍设施：通过SaaS，企业可以从任何数字设备和位置访问应用程序，这对移动平台来说非常方便。此外，它还拥有易用性和用户友好性。
- 加强合作：SaaS的发展增强了企业团队和部门之间的协作能力。这源自文件共享的便利性，以及跨系统阅读和理解的便利性。
- 具有安全性：大多数SaaS模型都以其企业级安全性著称，这是一种比许多集中的、本地化的解决方案更全面的安全方法。在云SaaS中，预先存在的灾难恢复协议已经到位，可以管理潜在的系统故障。这意味着无论是数据泄露还是系统故障，用户的商业数据都是可用的和安全的。

SaaS模式的高效、便捷、低成本性，使得它越来越受中小型企业的青睐。企业引入SaaS模式后，也给IT部门带来了新的变革，这种模式可以使IT人员将工作重心从部署和支持应用程序转移到管理这些应用程序所提供的服务上来。这不仅降低了IT人员专业素养的门槛（用户不需要进行配置服务器、维护软件等操作），而且一人可以并行管理多个服务，提高效率的同时也降低了企业的投资成本。事实上，到2022年，中国企业级SaaS市场的规模已突破千亿元，可见SaaS模式是软件行业商业模式的必然趋势。

6.2.4　安全自动驾驶

近些年，随着互联网的蓬勃发展，国际网络安全形势十分严峻，安全威胁来势汹汹，数据泄露、勒索攻击、拒绝服务等黑客活动导致的网络安全事件层出不穷。各行各业都成为黑客攻击的目标，造成的经济损失巨大。表6-1列举了2018—2020年的重大公开网络安全事件。

表 6-1　2018—2020 年的一些重大公开网络安全事件

时间	事件
2018 年 2 月	某国电信公司证实 80 万数据被盗，涉及全国 1/10 公民信息
2018 年 5 月	涉外黑客入侵某国的 700 余个政府机关网站挂黑链
2019 年 3 月	某互联网巨头被曝明文存储 6 亿用户密码，已被查看 900 万次
2019 年 3 月	某国的电力系统遭到网络攻击，导致两次大规模停电
2019 年 7 月	某银行遭黑客入侵，逾 1 亿用户信息泄露
2019 年 7 月	某国的安全局遭黑客攻击，7.5 TB 数据被盗
2019 年 7 月	某交易所遭黑客攻击，损失资产 3200 万美元
2019 年 9 月	某纺织公司遭商业电子邮件攻击，损失 3700 万美元
2019 年 10 月	某互联网巨头瘫痪：DNS 遭受网络攻击 15 小时
2020 年 4 月	某国政府网站遭新型冠状病毒主题钓鱼攻击，损失数千万欧元
2020 年 6 月	某国 200 多个公检法部门泄露 296 GB 数据文件
2020 年 7 月	某国电信 1.8 万台计算机感染勒索软件，黑客要价 750 万美元

显然，网络安全已经不仅影响到企业的切身利益，还深刻地关系着国家和民族的安全。因此，所有机构和组织都将安全防护提升到了战略高度。

目前部署在企业网络中的防火墙，大部分都配置了海量安全策略，以实现南北向和东西向的安全合规访问。但实际上，这些海量的访问控制策略可能存在以下较大的问题。

- 大部分企业的防火墙策略是基于节点独立管理的，这样容易引起策略行为的不一致和冲突。
- 没有手段能验证现有网络中防火墙策略是否满足安全诉求。
- 没有手段能验证新增或更改的策略对现有业务的影响。

越来越多的企业已经意识到当前管理方式的不足，希望将面向局部网络视角的策略管理方式（局部网络防火墙独立配置）改造为面向全网业务视角的安全策略管理方式（基于业务意图的全网防火墙自动编排）。当全网安全策略进行统一管理和变更可视化，就能分析出相关设备的冗余、冲突、无效策略，排除用户配置风险，同时支持策略仿真、策略命中率分析、策略收敛建议分析以及策略配置建议分析等。

（1）场景1：应用上线

关键挑战：提供安全策略快速开通机制，解决当前多团队协同、人工审批、纸件化办公带来的耗时长、易出错的问题。

方案介绍：根据应用上线的南北暴露面和东西向互访诉求，基于网络部署位置自动计算网络访问路径，在对应路径中找出信任边界，包括南北向边界和东西向边界。根据边界上防火墙的策略，自动计算出最优策略，确保不影响现网业务。

（2）场景2：策略变更

关键挑战：当前安全策略变更（应用上线和安全情报联动策略变更），无法评估对其他应用的影响，每个月需要花大量时间和精力进行人工排查。

方案介绍：依据网络中的配置和流量，自动还原网络中的业务互访意图。作为基线，当用户策略变更时，自动触发此策略对业务互访意图基线（连通性）的影响分析。当出现异常时，支持自动报警、配置不下发。该能力也可以作为应用访问出现异常时的故障定界手段，以便加速定位。

（3）场景3：非必要端口不暴露

关键挑战：当前由于安全策略变更和应用变更，没有做到实时保持一致，导致现网存在大量的非必要暴露端口。企业需要根据分析，尽量缩小暴露面，减少被攻击的可能性。

方案介绍：基于流量和配置，还原业务流量意图和配置策略不一致的地方，给出对不合理的策略配置的分析，同时给出推荐的优化建议。

6.2.5 SASE 演进

在企业纷纷拥抱数字业务的过程中，对企业而言，数字化转型通常有以下几个特点。

- 相比企业内网，更多的用户使用企业网络之外的网络环境来完成工作。
- 相比企业基础设施中的应用，企业更多地使用SaaS模式的应用。
- 相比企业内部，更多的敏感数据存储在企业数据中心以外的云服务中。
- 相比企业数据中心的工作负载，企业更多地使用在IaaS中运行的工作负载。
- 相比企业数据中心，更多的用户流量流向企业数据中心以外的公共云。
- 相比企业数据中心，更多的分支机构流量流向企业数据中心以外的公共云。

随时随地访问应用和服务（许多应用和服务现在位于云中）已成为主要诉求，这意味着进出企业数据中心的流量将逐渐减少。因此，我们需要将焦点移动到用户和设备本身，而不再聚焦于数据中心。

与此同时，随着边缘计算、云服务、混合网络等技术的兴起，本就漏洞百出的传统网络安全架构更加岌岌可危，以企业数据中心为核心的网络体系逐渐成为企业数字化转型的阻碍。

为了适应未来的发展趋势，保障企业无处不在的接入业务，2019年Gartner提出了安全访问服务边缘（Secure Access Service Edge，SASE）的概念。Gartner声称，SASE有潜力将已建立的网络和安全服务堆栈从一个基于数据中心的服务堆栈，转变为一个将身份焦点转移到用户和终端设备的设计。作为一个颠覆性的新理念，它是一种基于实体身份、实时上下文、企业安全和合规策略，能在整个会话中持续评估风险和信任的技术。SASE将广域网接入和网络安全（如安全Web网关、防火墙即服务、零信任网络接入等）结合起来，以身份为核心理念，在技术上充分拥抱云原生、边缘计算等，来满足数字化企业的动态安全访问需求。

Gartner将SASE的主要特征归结为以下4点。

（1）身份驱动

SASE扩展了“身份”的范围，身份可以附加到包含个人/分支机构、连接源处的设备、应用程序、服务或者边缘计算位置的任何内容上。所有行为和访问控制全部依赖于“身份”，如服务质量、权限级别、路由选择、应用的风险安全控制等，所有这些与网络连接相关的服务全部由身份驱动。

（2）云原生架构

云原生架构提供融合的广域网和安全即服务，可以提供所有云服务特有的可伸缩性、弹性、自适应性和自我修复能力，实现最大效率的平台，同时还能快速适应新兴业务的需求，并且随处可用。

（3）全边缘覆盖

SASE平等地支持所有边缘，如物理位置、云数据中心、用户的移动设备和边缘计算等。它将所有功能都放置在本地POP而不是边缘位置上。

（4）全球分布

无论企业办公室、云应用程序或者移动用户位于何处，POP的全球分布结构都可以确保低时延的全方位广域网和安全功能。为了在任何位置都能获得低时延，SASE POP必须比典型的公共云提供商所提供的POP数量更多、范围更广，并且SASE提供者必须具有广泛的对等关系。

| 6.3　未来展望 |

自动驾驶网络是当今网络领域最热门的技术之一，正深刻地影响着企业网络的变化。它带来的改变不局限于网络建设和运维本身，而是它作为数字化基础设施的重要基础，帮助企业在数字化过程中实现更大价值。本书结合华为的实践，描述了企业自动驾驶网络解决方案的起源、概念、架构和技术，将企业自动驾驶网络完整地呈现在了读者眼前。

当然，企业自动驾驶网络是一个长期的逐级演进的过程，不同企业发展历程不同，所处的数字化转型阶段也不同。部署自动驾驶网络不是一蹴而就的，应站在保护既有投资的基础上，优先在业务需求紧迫性高的环节应用自动驾驶网络，体验其带来的作用与价值，为网络的整体变更积攒经验、增强动力。

如何逐步提升企业网络的自动化、智能化水平，以便更好地为千行百业的企业业务提供更方便、更快捷、更优质的高品质网络服务，是一个值得不断探索并深入研究的课题。华为也愿携手各行业的产业伙伴，深入研究行业特征，共同携手制定自动驾驶网络的理论标准体系，为企业的数字化转型贡献一份力量。

缩略语表

缩写	英文全称	中文名称
3GPP	3rd Generation Partnership Project	第三代合作伙伴计划
5G	Fifth Generation	第五代移动通信系统
ACL	Access Control List	访问控制列表
AI	Artificial Intelligence	人工智能
ADN	Autonomous Driving Network	自动驾驶网络
AIOps	Artificial Intelligence for IT Operations	智能运维
Apdex	Application Performance Index	应用性能指数
API	Application Program Interface	应用程序接口
App	Application	应用软件
ARPANET	Advanced Research Project Agency Network	阿帕网
AS	Autonomous System	自治系统
BCM	Business Continuity Management	业务连续性管理
BFO	Business Flow Orchestration	业务流编排
BGP	Border Gateway Protocol	边界网关协议
CDN	Content Delivery Network	内容分发网络
CIO	Chief Information Officer	信息主管，也称首席信息官
CLI	Command Line Interface	命令行界面
CMDB	Configuration Management Database	配置管理数据库
CPU	Central Processing Unit	中央处理器

续表

缩写	英文全称	中文名称
CPV	Control Plane Verification	控制面验证
DEM	Digital Experience Monitoring	数字体验监控
DevOps	Development and Operations	开发运维一体化
DNS	Domain Name System	域名系统
DPV	Data Plane Verification	数据面验证
DSL	Domain Specific Language	领域特定语言
EAI	Embedded Artifical Intelligence	嵌入式 AI
ENI	Experiential Networked Intelligence	经验式网络智能
ERP	Enterprise Resource Planning	企业资源计划
EVPN	Ethernet VPN	以太网虚拟专用网
F5G	5th Generation Fixed networks	第五代固定网络
FIEH	Flow Instruction Extension Header	流指令扩展头
FIH	Flow Instruction Header	流指令头
FII	Flow Instruction Indicator	流指令标识
FV	Formal Verification	形式化验证
GRPC	Google Remote Procedure Call Protocol	谷歌远程过程调用协议
GSMA	Global System for Mobile communication Association	全球移动通信系统协会
HLD	High Level Design	高阶设计
HPC	High Performance Computing	高性能计算
HTML	Hypertext Markup Language	超文本标记语言
IaaS	Infrastructure as a Service	基础设施即服务
IAB	Internet Architecture Board	互联网架构委员会

续表

缩写	英文全称	中文名称
IBN	Intent-Based Networking	基于意图的网络
iBPM	intelligent Business Process Management	智能业务流程管理
ICT	Information and Communication Technology	信息通信技术
IDC	International Data Corporation	国际数据公司
IETF	Internet Engineering Task Force	因特网工程任务组
IFIT	In-situ Flow Information Telemetry	随流信息检测
IoT	Internet of Things	物联网
IP	Internet Protocol	互联网协议
IPE	IPv6 Enhanced Innovation	IPv6 增强创新
IPFIX	IP Flow Information Export	IP 流量信息输出
IPFPM	IP Flow Performance Measurement	IP 流量性能监控
IPv6	Internet Protocol version 6	互联网协议第 6 版
ISO	International Organization for Standardization	国际标准化组织
ISP	Image Signal Processing	图像信号处理
IT	Information Technology	信息技术
ITIL	Information Technology Infrastructure Library	信息技术基础架构库
ITIM	IT Infrastructure Monitoring	IT 基础设施监控
ITSM	IT Service Management	IT 服务管理
KG	Knowledge Graph	知识图谱
KPI	Key Performance Indicator	关键性能指标
LBS	Location-Based Service	基于位置的服务
LLD	Low Level Design	详细设计
LLDP	Link Layer Discovery Protocol	链路层发现协议

续表

缩写	英文全称	中文名称
MAC	Medium Access Control	介质访问控制
MEC	Multi-access Edge Computing	多接入边缘计算
MES	Management Execution System	管理执行系统
MIB	Management Information Base	管理信息库
ML	Machine Learning	机器学习
MTTR	Mean Time To Repair	平均修理时间
NAT	Network Address Translation	网络地址转换
NETCONF	Network Configuration	网络配置
NetOps	Network Operations	网络运营
NFM	Network Fault Management	网络故障管理
NFV	Network Function Virtualization	网络功能虚拟化
NMS	Network Management System	网络管理系统
NGOSS	Next-Generation Operations Suppert System	下一代运营支撑系统
NPM	Network Performance Monitor	网络性能监控
NPMD	Network Performance Monitoring and Diagnostics	网络性能监控和诊断
NSDI	Symposium on Networked Systems Design and Implementation	网络系统设计与实现专题研讨会
OA	Office Automation	办公自动化
OAM	Operation，Administration and Maintenance	操作、管理和维护
OPEX	Operating Expense	运营成本
OSPF	Open Shortest Path First	开放最短路径优先
OSS	Operational Support System	运行支撑系统
PaaS	Platform as a Service	平台即服务

续表

缩写	英文全称	中文名称
PC	Personal Computer	个人计算机
PE	Provider Edge	运营商边缘（设备）
PLM	Product Lifecycle Management	产业生命周期管理
POP	Point Of Presence	因特网接入点
QoS	Quality of Service	服务质量
RL	Reinforcement Learning	强化学习
RPA	Robotic Process Automation	机器人流程自动化
RPC	Remote Procedure Call	远程过程调用
SaaS	Software as a Service	软件即服务
SASE	Secure Access Service Edge	安全访问服务边缘
SDN	Software Defined Network	软件定义网络
SOHO	Small Office Home Office	居家办公
SLA	Service Level Agreement	服务等级协定
SMT	Satisfiability Modulo Theories	可满足性模理论
SNMP	Simple Network Management Protocol	简单网络管理协议
SRH	Segment Routing Header	段路由扩展头
SSOT	Single Source Of Truth	唯一真实数据源
STP	Spanning Tree Protocol	生成树协议
TCP	Transmission Control Protocol	传输控制协议
TMF	TeleManagement Forum	电信管理论坛
TOM	Telecom Operation Map	电信运营图
TWAMP	Two Way Active Measurement Protocol	双向主动测量协议
UDP	User Datagram Protocol	用户数据报协议

续表

缩写	英文全称	中文名称
VAS	Value-Added Service	增值业务
VLAN	Virtual Local Area Network	虚拟局域网
VM	Virtual Machine	虚拟机
VPN	Virtual Private Network	虚拟专用网
VRF	Virtual Routing and Forwarding	虚拟路由转发
VXLAN	Virtual eXtensible LAN	虚拟拓展局域网
XML	eXtensible Markup Language	可扩展标记语言
XSLT	eXtensible Stylesheet Language Transformations	可扩展样式表语言转换
YANG	Yet Another Next Generation	新一代建模语言
ZSM	Zero-touch network and Service Management	零接触网络与业务管理

参考文献

[1] 中国信息通信研究院. 企业IT运维发展白皮书（2019）[R/OL].（2019-12-26)[2022-11-01].

[2] 国际数据公司，华为技术有限公司，中信银行，等. 企业自动驾驶网络白皮书[R/OL]. (2021-09-15)[2022-11-01].

[3] TM Forum，中国通信标准化协会，中国信息通信研究院，等. 自智网络（Autonomous Networks）-赋能数字化转型白皮书3. 0[R/OL]. (2021-11-02)[2022-11-01].

[4] TM Forum. Autonomous Networks-Reference Architecture［R/OL］.（2022-9-23）［2022-11-01］. IG1251.

[5] PARASURAMAN R，SHERIDAN T B，WICKENS C D. A Model for types and levels of human interaction with automation[J]. IEEE transactions on systems，man，and cybernetics，Part A. Systems and humans:A publication of the IEEE Systems，Man，and Cybernetics Society，2000.

[6] 汪涛. 迈向自动驾驶网络时代[J]. 通信世界，2018(26)，48-49.

[7] 娄瑜. 中国联通信息化云计算工作探讨[J]. 信息通信技术，2012(1)，5.

[8] 王树军，王趾成，张建军，等. 计算机网络技术基础[M]. 北京：清华大学出版社，2009.

[9] 陆璐，刘发贵. 基于Web的远程监控系统[M]. 北京：清华大学出版社，北京交通大学出版社，2008.